Victor Okparaku
Kingsley Igbokwe

Skutki emisji dwutlenku węgla z silników

Victor Okparaku
Kingsley Igbokwe

Skutki emisji dwutlenku węgla z silników

w sprawie środowiska naturalnego

Wydawnictwo Bezkresy Wiedzy

Cover image: www.ingimage.com

This book is a translation from the original published under ISBN 978-620-0-47174-1.

Publisher:
Wydawnictwo Bezkresy Wiedzy
is a trademark of
Dodo Books Indian Ocean Ltd., member of the OmniScriptum S.R.L Publishing group
str. A.Russo 15, of. 61, Chisinau-2068, Republic of Moldova Europe
Printed at: see last page
ISBN: 978-620-0-81707-5

Wpływ emisji dwutlenku węgla z silników na środowisko naturalne

Karbonacja pospolita

Emisje z silników i ich odnośny wpływ na środowisko naturalne

Autorstwa:

Okparaku, Victor Ikedichi

Igbokwe, Kingsley Kelechi

WPROWADZENIE

Książka ta została napisana w celu poruszenia kontrowersyjnych kwestii dotyczących substancji węglopochodnych i ich interakcji w zakresie wpływu na środowisko. Substancje węglowe to substancje, które zawierają węgiel w swoich czystych (elementarnych) formach lub produktach ubocznych, takich jak gazowe formy aerozolowe i pozostałości węgla (sadza). Węgiel jest bardzo ważnym elementem w ludzkich siedliskach i poza ludzkim otoczeniem. Na środowisko naturalne węgiel ma różne wpływy, od roślin na ziemi po warunki atmosferyczne. Węgiel odgrywa rolę roślin, ponieważ sprzyja zdrowiu, wzrostowi produkcyjnemu i zwiększa żyzność gleby.

Sadza, która jest albo nieczystą pozostałością po osadzeniu się, albo gazowym aerozolem wytwarzanym w czasie, gdy substancja zawierająca węgiel jest poddawana procesowi palenia. Ma ona wpływ na zmiany klimatyczne i zawdzięcza roślinom ogromną odpowiedzialność za tworzenie węglowodanów dla ich zaopatrzenia w żywność. Mimo że aerozolowy węgiel techniczny jest przydatny dla roślin, to jednak absorbuje energię promieniowania słonecznego, jak również odpowiednik, którym jest nieczyste złoże węgla technicznego. Pochłanianie ciepła przyczynia się do wzrostu temperatury naszego otoczenia.

Skutki wszystkich tych właściwości węglowych, zwłaszcza po stronie sadzy, spowodowały wystarczająco dużo szkód w atmosferze, co w całości doprowadziło do problemu powszechnie nazywanego globalnym ociepleniem.

Węgiel jest członkiem półprzewodnika, ale jego znaczenie nigdy nie zdobyło ogromnego uznania w zastosowaniach takich jak dwa pozostałe półprzewodniki, które są krzemem (ma 14 elektronów) i germanem (ma 32 elektrony). Półprzewodniki tłumaczy się jako materiały, które nie są ani przewodnikami ani izolatorami. Posiadają one zdolność do przełączania się między przewodnikiem a izolatorem (nie są to przewodniki). Mówi się, że półprzewodniki nie są przewodnikami w stanie czystym i w takim stanie znajdują się w stanie samoistnym, natomiast w stanie zanieczyszczonym (po dodaniu do nich zanieczyszczeń) uważa się je za przewodniki, co nazywa się ich stanem zewnętrznym. W badaniach eksperymentalnych wykorzystano sadzę do oceny jej właściwości elektrycznych w zakresie zdolności półprzewodnikowych.

Pomysły autorów przy opracowywaniu tego dokumentu nie są sporne ani nie stanowią argumentu za istniejącymi faktami w sprawach karbonowych, a raczej służą poszerzeniu zakresu powszechnie badanych i ustaleniu podstaw dla dziedzin niezbadanych. Większość prac w tej książce jest potwierdzeniem znanych już informacji teoretycznych i porównaniem z eksperymentalnymi konsekwencjami autorów.

SPIS TREŚCI

ROZDZIAŁ 1

ZNACZENIE I ZAKRES

1.1 Ogólny widok zawartości węgla

Węgiel jest pierwiastkiem o pojedynczych właściwościach, którego liczba atomowa wynosi sześć, a masa atomowa (waga) 12 gramów. Jest to pierwiastek z grupy czwartej i należy do okresu drugiego z układu okresowego. Węgiel elementarny występuje w dwóch ważnych alotropach, takich jak diament i grafit. Istnieją inne formy węgla, które istnieją w wyniku jego rozkładu przy braku lub obecności powietrza. Węgiel tworzy około 0,032% 0f skorupy ziemskiej, podczas gdy w atmosferze ziemskiej znajduje się dwutlenek węgla, tlenek węgla, metan, itp. Substancje zawierające węgiel to substancje (związki), które zawierają atom(y) węgla. Obejmują one dwutlenek węgla (CO_2), tlenek węgla (CO), sadzę, itp. Związki te mają różny wpływ na środowisko naturalne. Najczęstszym z tych skutków są zmiany klimatyczne. Globalne zmiany klimatyczne stały się nieuchronną kwestią, która wzbudziła zainteresowanie społeczności międzynarodowej. Społeczność międzynarodowa uznała za stosowne sporządzenie inwentaryzacji źródeł i pochłaniaczy światła, które pochłaniają węgiel. Jednym z głównych czynników przyczyniających się do emisji dwutlenku węgla jest spalanie paliw kopalnych i biomasy, przy czym obok CO_2 jednym z najważniejszych produktów ubocznych spalania jest materia węglowa. Jedna z frakcji aerozolu węglowego, zwykle nazywana sadzą (CB), charakteryzuje się silnym pochłanianiem światła widzialnego i odpornością na chemiczną transmutację. Aerozol węglowy jest substancją związaną z węglem, której cząsteczki mają postać stałą lub płynną lub gazową.

Jednak te szczególne cechy sadzy sprawiają, że ma ona znaczenie w różnych badaniach nad zmianami klimatycznymi, składem powietrza, jakością powietrza atmosferycznego i biogeochemią. Opisany powyżej termin węgiel odnosi się do szóstego elementu układu okresowego. Węgiel pierwiastkowy to termin oznaczający węgiel, który nie jest związany z innymi pierwiastkami lub związkami. Połączenie tych formalnych poglądów daje ścisłą definicję terminów węgiel czarny i węgiel pierwiastkowy. Węgiel techniczny (CB) może być ściśle zdefiniowany jako substancja składająca się z węgla, która ma optymalną zdolność pochłaniania światła. Proces powstawania sadzy jest wyłączony z tej definicji ze względu na różnorodność potencjalnych procesów, dlatego też częściej powstaje podczas niepełnego spalania materii węglowej.

Ochrona środowiska naturalnego stała się obecnie poważnym problemem, zwłaszcza w związku ze znacznymi negatywnymi konsekwencjami wynikającymi z rozwoju gospodarczego wspieranego od czasu rewolucji przemysłowej. Ludzie są coraz bardziej zainteresowani zmniejszaniem i korygowaniem negatywnych skutków swojej działalności i jej wpływu na środowisko naturalne.

Niektóre ze źródeł energii to ropa naftowa, gaz ziemny, węgiel, odpady komunalne (termiczne), wzbogacony uran (jądrowy), gradienty wody (hydroelektryczne), ciepło ziemi (geotermalne), wiatr, słońce (fotowoltaiczne, słoneczne), biomasa itp. Większość krajów ma mętlik elektrowni, które wykorzystują różne źródła energii, które określają zmiany wartości kg C02/kW różni się dla każdego kraju. Współczynnik ten może być wykorzystany do obliczenia masy w kilogramach emisji CO_2 wyewoluowanej do środowiska. Paliwa kopalne (zwłaszcza ropa naftowa i węgiel) są głównymi składnikami wytwarzającymi duże ilości dwutlenku węgla poprzez ich spalanie w celu uzyskania energii. Dwutlenek węgla ma największy udział w emisji wszystkich gazów cieplarnianych. Pozostałe gazy cieplarniane (CH4, N2O, HFC, PFC, SF6) są więc przekształcalne w jednostki ekwiwalentu CO2 (CO_{2e}) z wykorzystaniem potencjału cieplarnianego związanego z każdym gazem. Wśród negatywnych skutków emisji gazów cieplarnianych można wymienić te nieliczne: globalne ocieplenie, zmniejszenie dostępności wody dla ludzkości, zanieczyszczenie powietrza, wody i gleby, topnienie pokrywy lodowej i wzrost poziomu oceanów, degradacja warstwy ozonowej, ekstremalne warunki pogodowe i zmiany pór roku oraz pustynnienie.

Rosnąca liczba badań, odkryć i zebranych danych ujawnia istnienie bezpośredniego związku pomiędzy zmianami klimatycznymi a emisją dwutlenku węgla (CO_2). Czwarty raport oceniający przygotowany przez międzyrządowy panel ds. zmian klimatycznych (IPCC) wykazał, że działania wszystkich krajów generują duże emisje gazów cieplarnianych, których ilość wzrasta. Generują one znaczący negatywny wpływ na klimat ze względu na zmiany zachodzące w jego składzie, a także na wzrost średniej temperatury na świecie od połowy XX wieku.

Ślad węglowy jest kolejnym ważnym aspektem substancji zawierającej węgiel, którego nie można pominąć w historii spraw karbonowych. Ślad węglowy można znacząco zdefiniować jako cały zestaw emisji gazów cieplarnianych powodowanych przez jednostkę; wydarzenie, organizację, produkt i inne powiązane działania, wyrażone jako CO_{2e}. Całkowity ślad węglowy jest uciążliwy do obliczenia ze względu na dużą ilość wymaganych danych i fakt, że dwutlenek węgla może być produkowany przez zdarzenia naturalne. Z tego właśnie powodu Wright, Kemp i Williams (2011), pisząc w czasopiśmie Carbon Management, zaproponowali bardziej praktyczną definicję śladu węglowego jako miary całkowitej ilości emisji dwutlenku węgla (CO_2) i metanu (CH4) w określonej populacji, systemie lub działalności, biorąc pod uwagę wszystkie istotne źródła, pochłaniacze i składowiska w obrębie przestrzennej i czasowej granicy populacji, systemu lub działalności będącej przedmiotem zainteresowania.

Ślad węglowy został również zdefiniowany przez innego badacza jako całkowita ilość gazów cieplarnianych produkowanych w celu bezpośredniego i pośredniego wspierania działalności człowieka, zazwyczaj wyrażona w równoważnych tonach dwutlenku węgla (CO_2). Innymi słowy, kiedy prowadzisz samochód, silnik spala paliwo, które wytwarza pewną ilość CO_2 w zależności od zużycia paliwa i odległości. Chemicznym symbolem dwutlenku węgla jest CO_2. Gdy dom jest ogrzewany ropą naftową, gazem lub węglem, również CO_2 jest generowany. Gdy dom jest ogrzewany elektrycznością, wytwarzana jest energia elektryczna, która również może emitować pewną ilość CO_2. Produkcja żywności i towarów, które kupujemy, emituje również pewną ilość CO_2.

Wszystkie ślady węglowe mają zakres wynikający z metody, w której ślad węglowy jest określany ilościowo. Ponieważ nie ma całkowitej izolacji procesu, należy ustalić granice dotyczące tego, co należy uwzględnić w śladzie węglowym. Na przykład ślad węglowy produktu mógłby uwzględniać nabycie surowców i ślad węglowy związany z utylizacją produktu lub wyłącznie produkcję produktu z surowców. Wykazano, że definicja zakresu może prowadzić do znacznych różnic w śladzie węglowym przypisanym do produktu lub procesu. Niezależnie od tego, czy ślad węglowy jest związany z usuwaniem produktu lub procesem jego wytwarzania, końcowy produkt uboczny nadal stanowi zagrożenie dla środowiska.

Zmiany klimatu mają miejsce wtedy, gdy średnia długoterminowa pogoda w danym regionie zmienia się przez dłuższy okres czasu, zazwyczaj dziesięciolecia lub dłużej. Przykłady obejmują zmiany w strukturze wietrzności, średniej temperaturze lub ilości opadów. Zmiany te mogą dotyczyć jednego regionu, wielu regionów lub całej planety.

Naukowy konsensus w sprawie zmian klimatycznych jest taki, że klimat się zmienia i że zmiany te są w dużej mierze spowodowane działalnością człowieka.

Zmiany klimatyczne pozostają najtrudniejszym globalnym problemem dla wszystkich żywych stworzeń. Przewiduje się, że zmiany klimatu i zubożenie warstwy ozonowej w wyniku działalności człowieka będą przebiegać w wykładniczym tempie.

Autorzy po ogromnych badaniach i po zapoznaniu się z pracami innych badaczy oraz definicjami poszczególnych autorów postanowili podać swoją definicję sadzy. Dlatego sadzę definiuje się jako "nieczyste złoże węgla lub powstałe w wyniku gnicia termicznego dowolnej formy substancji węglowych lub węglowodorów za pomocą kontrolowanego mechanizmu".

Środowisko uwzględnione w niniejszej książce obejmuje naturalny ekosystem, całe otoczenie i jego składniki (takie jak towary i usługi). Nie można przecenić wpływu sadzy na środowisko naturalne, począwszy od człowieka, roślin, rzek i naturalnej skorupy.

1.2 Właściwości węgla

Węgiel jako niemetal ma właściwości związane z jego wyglądem fizycznym i reaktywnością chemiczną. Zarówno właściwości fizyczne, jak i chemiczne zostaną ogólnie przedstawione w tej sekcji. Dlatego też ważne właściwości węgla obejmują następujące właściwości:

1. Węgiel jest unikalnym elementem, który występuje w kilku formach
2. Jest miękka z tępym szarym lub czarnym kolorem
3. Tworzy on węgiel drzewny, gdy jest podgrzewany pod nieobecność powietrza.
4. Węgiel ma wiele alotropów, takich jak grafit, diament, itp.
5. Gęstość jego różnych form różni się w zależności od ich źródeł
6. Węgiel jest słabo reaktywny w normalnych warunkach
7. Łączy się z tlenem w celu wytworzenia dwutlenku węgla i tlenku węgla
8. Węgiel nie rozpuszcza się w wodzie ani nie wchodzi w reakcję z wodą lub kwasami.
9. Posiada zdolność do łączenia się z innymi pierwiastkami w celu tworzenia związków.
10. Poddaje się on reakcjom spalania, utleniania, dodawania i zastępowania

1.3 Tendencja w zakresie śladu węglowego

Ślad węglowy to stosunkowo nowa dziedzina, w której w procesie produkcji powstaje sadza, dwutlenek węgla itp. Sformułowanie "ślad węglowy" pojawiło się jednak w literaturze dopiero później, gdy powszechnie uznano, że należy ograniczyć emisję gazów cieplarnianych, aby zapobiec nadmiernemu ociepleniu.

Analiza Cyklu Życia (LCA) jest poprzedniczką dla produktów o śladach węglowych i historycznie była wykorzystywana do porównywania produktów. Literatura na temat LCA pochodzi z lat 60-tych XX wieku. LCA zawsze była wykorzystywana jako metoda porównywania zestawów podobnych produktów w oparciu o benchmarki, takie jak koszty produkcji, zużycie energii, wody itp. Jednak dopiero wtedy, gdy ślad węglowy po raz pierwszy stał się popularny, emisja gazów cieplarnianych została włączona do takich analiz.

Przykładem wczesnego badania LCA było sprawozdanie dla Agencji Ochrony Środowiska Stanów Zjednoczonych (USEPA), w którym oceniono i porównano kilka pojemników na napoje.

Zmian Klimatu (IPCC) został utworzony w 1988 r. przez światową organizację meteorologiczną i program ochrony środowiska ONZ. Celem utworzenia IPCC było zajęcie się kwestią zmian klimatycznych, a w 1990 r. odbyła się pierwsza grupa robocza IPCC. Zebrano i oceniono dostępną literaturę na temat zmian klimatycznych oraz opublikowano Pierwszy Raport Oceny (FAR). Był to główny kamień milowy w zakresie śladu węglowego, ponieważ był to pierwszy globalny wysiłek na rzecz redukcji emisji gazów cieplarnianych.

Zespół spotkał się ponownie w 1995 r. i sporządził drugie sprawozdanie z oceny (SAR), trzecie sprawozdanie z oceny (TAR) w 2001 r. oraz czwarte sprawozdanie z oceny (FAR) w 2007 r. W sprawozdaniach tych omówiono ponadto stan stężenia gazów cieplarnianych w atmosferze, jak również prawdopodobieństwo potencjalnych zmian klimatu spowodowanych przez gazy cieplarniane. Uchwalono w nich również przepisy ułatwiające redukcję emisji gazów cieplarnianych.

Emisja dwutlenku węgla (CO_2) spowodowana działalnością człowieka jest obecnie wyższa niż w jakimkolwiek innym momencie w rejestrze. W rzeczywistości dane z badań wykazały, że globalna emisja CO_2 w 2011 roku była 150 razy większa niż w 1850 roku.

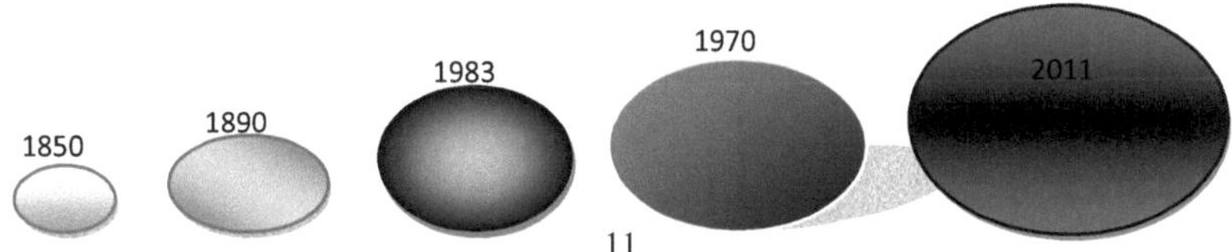

Rysunek 1.1: Globalna emisja dwutlenku węgla w latach 1850-2011

Szacunki emisji CO_2 z lat 1850-2011, dostarczają bogatego zestawu danych, które dokumentują historyczny wzrost emisji na całym świecie. Dane te oferują również wgląd w związane z tym trendy i czynniki powodujące emisje, w tym wzrost liczby ludności, rozwój gospodarczy i zużycie energii.

Na początku 1850 r. Wielka Brytania była największym emitentem CO_2 z prawie sześciokrotnie większą emisją niż kraj o drugiej co do wielkości emisji - Stany Zjednoczone. Francja, Niemcy i Belgia zostały umieszczone na liście pięciu największych emitentów. W 2011 r. największym emitentem na świecie stały się Chiny, a następnie odpowiednio Stany Zjednoczone, Indie, Rosja i Japonia. Dla porównania, jako że Stany Zjednoczone były drugim co do wielkości emitentem na świecie w obu latach, ich emisje w 2010 r. były 266 razy większe niż w 1850 r. Dla porównania, Stany Zjednoczone były drugim co do wielkości emitentem na świecie w obu latach. Na tym samym tle emisja substancji zawierających węgiel ogromnie wzrasta w krajach, które są zależne wyłącznie od paliw kopalnych jako źródła energii. Co więcej, kraje rozwijające się redukują swoje emisje albo przystępując do czystej energii, albo tworząc więcej pochłaniaczy emisji dwutlenku węgla. Czysta energia jest zazwyczaj energią odnawialną, podczas gdy pochłaniacz emisji dwutlenku węgla obejmuje głównie uprawę roślin zielonych.

1.4 Zakres stosowania

Zakres tej książki obejmuje następujące cele:

(a) Nauczanie do obliczania ilości emitowanego CO_2 przy stosowaniu benzyny i oleju napędowego jako paliwa.

b) Upewnienie się, czy sadza zawarta w paliwie (benzynie i oleju napędowym) ma wpływ na przepływ prądu.

c) sprawdzenie, czy sadza z benzyny i oleju napędowego może pochłaniać promieniowanie.

ROZDZIAŁ II

PRZEGLĄD GAZÓW CIEPLARNIANYCH I EMISJI DWUTLENKU WĘGLA

2.1 Gazy cieplarniane (GHG)

Gazy, które zatrzymują ciepło w atmosferze, nazywane są gazami cieplarnianymi. W tej sekcji przedstawiono by informacje na temat emisji i interakcji głównych gazów cieplarnianych w atmosferze ziemskiej. Pomiędzy człowiekiem a gazami cieplarnianymi istnieje ogromna interakcja. Na przykład, kiedy człowiek spala paliwo kopalne w celu uzyskania energii, do atmosfery uwalniane są substancje węglowe, które nadal wracają na Ziemię. Główną emitowaną substancją węglową jest CO_2 i ten emitowany węgiel jest wykorzystywany przez zielone rośliny do produkcji własnego pożywienia poprzez fotosyntezę.

$$6CO_2 + 6H_2O \xrightarrow{\text{plony}} C_6H_{12}O_6 + 6O_2 \ldots\ldots\ldots\ldots 2.1$$

Rośliny pobierają CO_2 i te same rośliny byłyby spożywane przez ludzi jako żywność. Ze wzoru 2.1 wynika, że rośliny zawierają skrobię ($C_6H_{12}O_6$), które po pobraniu przez człowieka ulegają oddychaniu komórkowemu, wytwarzając CO_2 jako odpad wydalany przez nos do środowiska. Niektóre z tych substancji węglowych są wykorzystywane przez rośliny, podczas gdy inne są emitowane do atmosfery. Wpływ każdego z gazów cieplarnianych na zmiany klimatyczne zależy od tych głównych czynników:

a. Ilość gazów w Atmosferze

Ilość lub stężenie danego gazu w powietrzu przyczynia się do stanu atmosfery. Ogromna emisja gazów cieplarnianych prowadzi do nadzwyczajnego wzrostu ich stężenia w atmosferze. Stężenie gazów cieplarnianych mierzone jest w częściach na milion (ppm), częściach na miliard (ppb) i częściach na bilion (ppt). Jedna część na milion odpowiada jednej kropli wody rozcieńczonej w około 13 galonach cieczy (mniej więcej w zbiorniku paliwa samochodu kompaktowego).

b. Live Span of the Gases in the Atmosphere

Każdy z gazów cieplarnianych może pozostawać w atmosferze przez różne okresy czasu, od kilku lat do tysięcy lat. Większość z tych gazów pozostaje w atmosferze przez bardzo długi okres czasu, aby się dobrze wymieszać, co powoduje, że ilość zawarta w atmosferze jest mniej więcej taka sama na całym świecie, niezależnie od źródła emisji.

c. Poziom emisji gazów w atmosferze

Niektóre gazy są bardziej skuteczne od innych w ocieplaniu planety i zagęszczaniu koca ziemskiego. Dla każdego z gazów cieplarnianych obliczono współczynnik ocieplenia globalnego (GWP), aby odzwierciedlić, jak długo pozostają one średnio w atmosferze i jak silnie pochłaniają energię. Gazy o wyższym GWP pochłaniają więcej energii na funt niż gazy o niższym GWP, a tym samym bardziej przyczyniają się do ocieplenia Ziemi i innych zaburzeń środowiska.

2.1.1 Podstawowe gazy cieplarniane

Szklarnia, czyli inaczej mówiąc szklarnia lub cieplarnia ze względu na wystarczające ogrzewanie) jest układem barier ochronnych opracowanych przy użyciu przezroczystej substancji, takiej jak szkło, w którym uprawia się rośliny wymagające regulowanych warunków klimatycznych. Szklarnia jest również uważana za dom wykonany ze szkła. Składa się on ze szklanych ścian i szklanego dachu. Szklarnia jest budowana tak, aby było w niej ciepło, nawet w zimie. Światło słoneczne wpada do niej, przenika i ogrzewa powietrze w jej wnętrzu. Jest to możliwe, ponieważ ciepło jest uwięzione przez szkło i nie może uciec. Tak więc w ciągu dnia w szklarni robi się znacznie cieplej i pozostaje ciepło aż do nocy, ponieważ uwięziona energia nie może wydostać się z otoczenia.

Poniżej wymienione są podstawowe gazy cieplarniane w atmosferze ziemskiej. Są one uważane za pierwotne gazy cieplarniane, ponieważ są powszechnie dostępne w atmosferze. Poza tym emisje te są emitowane podczas spalania prawie wszystkich materiałów węglowych z powodów energetycznych lub innych.

a. Dwutlenek węgla: Gazy cieplarniane (GHG) to gazy w atmosferze, które pochłaniają i zatrzymują promieniowanie w obszarze atmosfery. Ta aktywność jest podstawową przyczyną efektu cieplarnianego.

Jednym z głównych gazów cieplarnianych w atmosferze ziemskiej jest dwutlenek węgla. Dwutlenek węgla dostaje się do atmosfery poprzez spalanie paliw kopalnych, takich jak ropa naftowa, gaz ziemny, węgiel, odpady stałe, drzewa i produkty drzewne oraz inne reakcje chemiczne, takie jak przy produkcji cementu. Dwutlenek węgla jest również usuwany z atmosfery lub sekwestrowany, gdy jest wchłaniany przez rośliny w ramach biologicznego obiegu węgla. Rośliny te nazywane są pochłaniaczami dwutlenku węgla.

b. Metan (CH4): Metan jest emitowany podczas produkcji i transportu węgla, gazu ziemnego i ropy naftowej. Gaz ziemny jest głównym źródłem metanu. Gaz ziemny jest naturalnie występującą mieszaniną węglowodorów, składającą się głównie z metanu, ale zazwyczaj zawiera różne ilości innych wyższych alkanów, a czasami niewielki procent dwutlenku węgla, siarczku azotu lub helu. Gaz ziemny powstaje, gdy arkusze rozkładających się substancji roślinnych i zwierzęcych są narażone na intensywne ciepło i ciśnienie pod powierzchnią ziemi przez miliony lat. Emisje metanu powstają również w wyniku rozkładu zwierząt domowych i innych praktyk rolniczych oraz w wyniku rozkładu odpadów organicznych w spalarniach stałych odpadów komunalnych.

c. Podtlenek azotu (N2O): Podtlenek azotu jest emitowany podczas działalności rolniczej i przemysłowej, jak również podczas spalania paliw kopalnych i odpadów stałych. Podtlenek azotu jest powszechnie znany jako gaz rozweselający. Podtlenek azotu powoduje powstawanie podtlenku azotu (NO) w reakcji z atomami tlenu, a ten z kolei reaguje z ozonem. W rezultacie jest on głównym naturalnie występującym regulatorem ozonu stratosferycznego. Jest on również głównym gazem cieplarnianym i zanieczyszczeniem powietrza.

d. Ozon troposferyczny (O3): Ten ozon ma krótki czas życia w atmosferze i jest silnym gazem cieplarnianym. W wyniku reakcji chemicznych powstaje ozon z emisji tlenków azotu i lotnych związków organicznych z samochodów, elektrowni i innych źródeł przemysłowych i handlowych w obecności światła słonecznego. Oprócz zatrzymywania ciepła w warstwie przyziemnej, ozon jest kolejną substancją zanieczyszczającą, która może powodować problemy ze zdrowiem dróg oddechowych oraz niszczyć uprawy i ekosystemy.

e. Para wodna: Para wodna jest najobfitszym gazem cieplarnianym, a także najważniejszym z punktu widzenia jej udziału w naturalnym efekcie cieplarnianym, pomimo krótkiego czasu życia w atmosferze. Niektóre działania człowieka mają również wpływ na lokalny poziom pary wodnej. Stężenie pary wodnej w skali globalnej jest jednak kontrolowane przez temperaturę, która w dużym stopniu wpływa na tempo parowania i opadów. W związku z tym globalne stężenie pary wodnej nie ma znaczącego wpływu na jej bezpośrednie emisje przez człowieka.

2.1.2 Pozostałe gazy cieplarniane

Obok pierwotnych gazów cieplarnianych istnieją inne ważne gazy cieplarniane, które w rzeczywistości istnieją również w atmosferze. Te gazy cieplarniane to takie gazy fluorowane, jak wodorofluorowęglowodory, na fluorowęglowodory i sześciofluorek siarki. Są to syntetycznie silne gazy cieplarniane, które są emitowane w różnych procesach przemysłowych. Gazy fluorowane (chlorofluorowęglowodory (CFC), wodorochlorofluorowęglowodory (HCFC) i halony) mogą być czasami stosowane jako substytuty substancji zubożających warstwę ozonową. Gazy te są zazwyczaj emitowane w mniejszych ilościach, ponieważ są silnymi gazami cieplarnianymi. Ze względu na ten fakt można je określić jako gazy o wysokim współczynniku ocieplenia globalnego (gazy o wysokim GWP), ponieważ ich wpływ na atmosferę jest wysoki.

2.2 Gazy cieplarniane Wkład w zmiany klimatyczne

Stężenia gazów cieplarnianych w atmosferze zmieniały się historycznie w wyniku wielu procesów naturalnych (np. aktywność wulkaniczna, zmiany temperatury, itp.). Niektóre gazy cieplarniane, takie jak dwutlenek węgla, występują w sposób naturalny, emitowane do atmosfery w wyniku procesów naturalnych i działalności człowieka.

Istnieje wiele czynników wpływających na klimat Ziemi, które można podzielić na naturalne i antropogeniczne (spowodowane przez człowieka). Podobno ilość CO_2 w powietrzu wzrosła z około 278 części na milion w objętości (ppmv) na początku ^{XXI} wieku do 390 ppmv na koniec roku 2010. Ilość CO_2 zmienia się w ciągu roku w wyniku rocznych cykli fotosyntezy i utleniania. Podobnie metan (CH4) wzrósł z przedprzemysłowego stężenia atmosferycznego wynoszącego 710 części na miliard objętości (pbv) do około 1 790 pbv do roku 2007. W dalszym ciągu rosła ona w tym tempie ze względu na agendę i politykę rządów krajów, które dążą do uprzemysłowienia swoich państw w zakresie eliminacji bezrobocia. Świadczy to o tym, że rozwój przemysłu w ogromnym stopniu przyczynił się do koncentracji gazów cieplarnianych w atmosferze. Niektóre gazy w ziemskiej atmosferze zachowują się trochę jak szkło w szklarni, zatrzymując ciepło słoneczne i powstrzymując je przed powrotem do atmosfery. Gazy te w wyniku ich działania powodują zmiany w atmosferze.

Czynniki naturalne: Ziemia w sposób naturalny wpłynęła na powstanie efektu cieplarnianego, podczas gdy niektóre gazy (tzw. gazy cieplarniane) znajdujące się w atmosferze pozwalają, aby światło słoneczne docierało do ziemi i pochłaniało wypromieniowane ciepło. Ze względu na właściwości absorpcyjne tych gazów, utrzymują one średnią temperaturę powierzchni ziemi na poziomie około 14°C i wyższym. W przypadku braku naturalnego efektu cieplarnianego średnia temperatura powierzchni ziemi wynosiłaby około -19°C. Te naturalne czynniki obejmują wybuchy wulkanów, które uwalniają dwutlenek węgla i emitują aerozole, takie jak popiół lub pył wulkaniczny oraz dwutlenek siarki, które powodują zmiany w promieniowaniu słonecznym.

Czynnik antropogeniczny: Od czasu rewolucji przemysłowej działalność człowieka zwiększyła ilość gazów cieplarnianych w atmosferze. Zwiększona ilość gazów pochłaniających ciepło bezpośrednio doprowadziła do zatrzymania większej ilości ciepła w atmosferze, powodując wzrost średniej globalnej temperatury powierzchni. Ta zmiana temperatury prowadzi do globalnego ocieplenia. Wzrost temperatury prowadzi również do innych skutków dla systemu klimatycznego. Łącznie skutki te znane są jako antropogeniczne (spowodowane przez człowieka) zmiany klimatu. Najważniejsze z tych czynników to spalanie paliw kopalnych zawierających węgiel, w których węgiel łączy się z tlenem w atmosferze tworząc dwutlenek węgla oraz wylesianie, które powoduje emisję dwutlenku węgla do atmosfery. Pierwotnie dwutlenek węgla zatapia się w zielonych spodniach i roślinności w celu składowania go na powierzchni ziemi lub w glebie.

Typowe chemiczne równanie spalania substancji zawierającej węgiel w obecności tlenu jest podane jak poniżej. Stosowaną tu substancją węglową jest oktan.

$$C_8H_{18} + 12\frac{1}{2}O_2 \rightarrow 8CO_2 + 9H_2O \quad \ldots\ldots\ldots\ldots 2.2$$

2.3 Pierwsze działania fenomenologiczne powodujące zmiany klimatyczne

a. Działalność lądowa: Działania na lądzie (np. wycinanie lasów w celu stworzenia ziemi uprawnej) doprowadziły do zmian w ilości światła słonecznego odbijającego się od ziemi (powierzchnia albedo) z powrotem w przestrzeń. Stopień tych zmian jest przybliżony do około jednej piątej silnego wpływu na klimat globalny w wyniku zmian w emisji gazów cieplarnianych. Szacuje się, że około połowa działalności lądowej miała miejsce w epoce przemysłowej, w dużej mierze w wyniku zastąpienia lasów uprawami rolnymi i pastwiskami.

Inne istotne zmiany w powierzchni ziemi wynikają z wylesiania lasów tropikalnych, które zmienia wskaźniki transpiracji (ilość pary wodnej uwalnianej do atmosfery poprzez parowanie z drzew i mórz) oraz pustynnienia. Zwiększa to albedo powierzchniowe (ułamek energii słonecznej, promieniowanie krótkofalowe, odbijające się od Ziemi z powrotem w przestrzeń kosmiczną, będąca również miarą refleksyjności powierzchni Ziemi) oraz ogólny wpływ rolnictwa na charakterystykę wilgotności gleby. Wszystkie te procesy muszą zostać uwzględnione w modelach klimatycznych. Kulminacją jednego z modeli była grupa tysiąca trzystu niezależnych ekspertów naukowych z krajów całego świata pod auspicjami Organizacji Narodów Zjednoczonych, która stwierdziła, że istnieje ponad dziewięćdziesiąt procentowe prawdopodobieństwo, że działalność człowieka w ciągu ostatnich sześćdziesięciu lat ociepliła naszą planetę. Oprócz badań nad zmianami klimatycznymi istnieje niewiele wiarygodnych zapisów na temat zmian w użytkowaniu gruntów w przeszłości. Technika ta buduje lepszy obraz skutków zmian, które zaszły w przeszłości, czyli połączenie zapisu powierzchniowego zmieniającego się użytkowania gruntów z pomiarem osiadania właściwości pokosu roślinności. Analizy te pokazują, że karczowanie lasów dla celów rolniczych i stosowanie nawodnień w rolnictwie na terenach spieczonych i średnio spieczonych to dwa główne źródła klimatycznych istotnych zmian pokosu ziemi. Te dwa efekty mają jednak tendencję do zaniku, ponieważ nawadniane rolnictwo zwiększa absorpcję energii słonecznej i ilość wilgoci wyparowywanej do atmosfery, podczas gdy wycinka leśna zmniejsza te dwa procesy.

b. Działalność ludzka: Rewolucja przemysłowa rozpoczęła się około 1750 roku i została uznana za działalność człowieka, która przyczyniła się w znacznym stopniu do zmiany raportu klimatycznego poprzez dodanie do atmosfery CO_2 i innych gazów wyłapujących ciepło. Te emisje gazów cieplarnianych, jak wcześniej cytowane, zwiększyły efekt cieplarniany i spowodowały wzrost temperatury powierzchni ziemi. Podstawową działalnością człowieka wpływającą na ilość i tempo zmian klimatu jest spalanie paliw kopalnych. Działalność ta uwalnia duże ilości CO_2, powodując wzrost stężenia gazów cieplarnianych w atmosferze.

Ta działalność przemysłowa, od której zależy nasza nowoczesna cywilizacja, w ciągu ostatnich 100 lat zwiększyła intensywność emisji dwutlenku węgla w atmosferze z około 370 części na milion do 535 części na milion. Panel stwierdził, że działalność człowieka spowodowała ponad dziewięćdziesiąt procent wytwarzanych gazów cieplarnianych, takich jak dwutlenek węgla, metan i podtlenek azotu, które spowodowały znaczny wzrost temperatury na Ziemi w ciągu ostatnich kilku lat.

Działalność człowieka uwalnia obecnie do atmosfery ponad czterdzieści miliardów ton dwutlenku węgla rocznie. Powstałe w ten sposób nagromadzenie CO_2 w atmosferze jest jak wypełnienie wanny z wodą, gdzie z kranu wypływa więcej wody niż z odpływu. Jeżeli ilość wody wypływającej w wannie jest większa niż ilość wody wypływającej przez odpływ, to poziom wody będzie się podnosił. Emisja dwutlenku węgla (CO_2) jest jak przepływ wody do światowej wanny węglowej. Źródło emisji dwutlenku węgla, takie jak spalanie paliw kopalnych, jest jak kran w wannie. Tonięcia CO_2 w oceanie i na lądzie, które pochłaniają dwutlenek węgla, są jak drenaż. Obecnie działalność człowieka spowodowała przepływ CO_2 z kranu, który jest większy niż ten, z którym może sobie poradzić odpływ, a poziom dwutlenku węgla w atmosferze (jak poziom wody w węźle wodnym) rośnie.

2.4 Metodologia śladów węglowych

Według Wiedmann i Minx (2008), ślad węglowy to całkowita ilość emisji gazów cieplarnianych (GHG) spowodowana przez organizację, wydarzenie lub produkt. Pomiar śladu węglowego służy jako narzędzie oceny w zakresie emisji gazów cieplarnianych, a następnie służy do zarządzania i redukcji tych emisji. Po dokonaniu pomiaru śladu węglowego, wyniki przeszły długą drogę, aby pomóc w identyfikacji obszarów o wysokiej emisji, które można wyeliminować lub poprawić. Dlatego też ślad węglowy jest wskaźnikiem zrównoważonego rozwoju.

Niektóre normy międzynarodowe zawierają wytyczne dotyczące metodologii pomiaru/obliczania emisji dwutlenku węgla w zależności od badanego aspektu jako produktu lub organizacji, projektu lub społeczności. Jedna z norm, norma ISO 14064, składa się z 3 serii dotyczących inwentaryzacji, kwantyfikacji i redukcji emisji gazów cieplarnianych. W przypadku emisji gazów cieplarnianych dla dużych projektów oraz ich walidacji i weryfikacji, normy ISO 4040 i 14044 odnoszą się do analizy cyklu życia produktów i usług oraz ich wpływu na środowisko, a norma ISO 14067 (w trakcie opracowywania) jest poświęcona pomiarowi śladu węglowego. Opracowana w 2008 r. metodologia PAS 2050 jest skierowana do organizacji przemysłowych, których celem jest obliczanie śladu węglowego produktów.

Metodologia Międzyrządowego Zespołu ds. Zmian Klimatu (IPCC) jest najbardziej sformalizowanym punktem odniesienia, akceptowanym na całym świecie do ilościowego określania emitowanych gazów cieplarnianych. Przewodnik IPCC jest wykorzystywany do opracowywania wykazów gazów cieplarnianych na poziomie krajowym. Baza danych IPCC, zawierająca wskaźniki emisji dla wszystkich sektorów działalności, jest wykorzystywana superlatywnie w całym kraju, ale także na poziomie indywidualnym/organizacyjnym.

Współczynniki emisji to wartości służące do korelacji ilości zanieczyszczeń emitowanych do atmosfery i związanej z tym działalności w celu wygenerowania tego rodzaju zanieczyszczenia. Wskaźniki emisji są uzyskiwane jako wartości średnie w długim okresie czasu poprzez interpretację informacji technicznych, dokumentów z badań emisji, systemów ciągłego monitorowania emisji. W skali globalnej istnieje kilka baz danych wskaźników emisji, wśród których IPCC, Protokół GHG opracowany przez Światowy Instytut Zasobów oraz Światową Radę Biznesu na rzecz Zrównoważonego Rozwoju są najczęściej stosowanym standardem dla organizacji i przedsiębiorstw rozważających wszystkie trzy możliwe do wygenerowania poziomy emisji.

2.5 Oszacowanie średniej emisji dwutlenku węgla na mieszkańca (osoba)

Emisja dwutlenku węgla na mieszkańca oznacza emisję dwutlenku węgla na osobę. Jest to substancja węglowa, którą emituje dana osoba. Różni się ona w poszczególnych jednostkach, krajach i miejscach. Różnica ta wynika z takich czynników, jak spożycie żywności, rozwój przemysłu, itp. Niektóre zawartości żywności są wyższe w CO_2, podczas gdy inne są niższe w CO_2. Na przykład, osoba, która spożywa dużo warzyw, a inna osoba, która je mięso, nie emitowałaby takiej samej ilości CO_2 nawet w tym samym kraju. Kilka innych badań przeprowadzonych przez różnych badaczy i autorów określiło najbardziej powszechną średnią roczną emisję dwutlenku węgla na mieszkańca. Książka ta zapożyczała do badań liść odmian w różnych krajach jako jednostki, jak pokazano w poniższej tabeli.

Tabela 2.1: Najczęstsza roczna emisja dwutlenku węgla na mieszkańca w podziale na kraje

Kraje	**Emisja dwutlenku węgla na mieszkańca (w tonach)**
Afganistan	0.26
Albania	1.34
Algieria	3.48
Angola	1.59
Argentyna	4.47
Armenia	1.37
Australia	16.75
Austria	7.97
Belgia	10.17

Benin	0.59
Bośnia i Hercegowina	8.28
Botswana	2.61
Brazylia	2.15
Bułgaria	5.96
Burkina Faso	0.10
Kambodża	0.30
Kamerun	0.37
Kanada	14.67
Czad	0.04
Chile	4.22
Chiny	6.18
Kongo	0.50
Cote d'Ivoire	0.29
Dania	8.34
Egipt	2.52
Francja	5.75
Gabon	1.71
Gambia	0.27
Niemcy	9.06
Ghana	0.37
Grecja	7.63
Gwinea	0.12
Haiti	0.21
Węgry	5.07
Indie	1.64
Iran	7.73
Irak	3.62
Izrael	9.52
Włochy	6.71
Japonia	9.25
Kenia	0.31
Liberia	0.20
Libia	9.29
Meksyk	3.91
Maroko	1.58
portugalia	4.90
Katar	40.10
Rwanda	0.06
Arabia Saudyjska	16.92
Senegal	0.57
Hiszpania	5.85
Togo	0.26

Tunezja	2.47
Uganda	0.11
Zjednoczone Królestwo	7.96
Stany Zjednoczone	17.50
Wenezuela	6.96
Zambia	0.19
Zimbabwe	0.75

Dlatego też ilość CO_2 emitowanego przez dany kraj jest obliczana przez:

Ilość emitowanego CO_2 = wielkość populacji × emisja zawartości węgla na mieszkańca

W rzeczywistości odpowiada to rzeczywistej wartości CO_2 uwalnianego przez dany kraj, co jest bardziej wykonalne, biorąc pod uwagę spożycie żywności i inną działalność człowieka.

Tabela 2.1 pokazuje, że przeciętny osobnik w Katarze emituje największą ilość CO_2 rocznie, która wynosi około 40,1 ton, podczas gdy przeciętny osobnik w Rwandzie emituje tylko 0,06 ton CO_2 rocznie.

Wysokie spożycie warzyw i mięsa zwiększa ilość CO_2 emitowanego przez jednostkę. Dzieje się tak dlatego, że zielone liście (roślinność) zużywają CO_2 na swój pokarm (fotosynteza), a większość zwierząt (źródło mięsa) zależy od traw (roślinności) na własny pokarm. Kiedy wszystkie te pokarmy są pobierane przez człowieka, wytwarzają energię, wodę i CO_2, ponieważ podlegają aktywności metabolicznej zwanej oddychaniem komórkowym. Równanie oddychania komórkowego jest podane jako:

$$C6H12O6 + 6O2 + ENERGIA\ .\ 2,3 \xrightarrow{\text{plony}} 6CO2 + 6H2O + Energia$$
.... 2.3

Ten CO_2 emitowany przez jednostki jako produkt odpadowy jest przechwytywany przez zielone rośliny, podczas gdy inne wracają do atmosfery, powodując tym samym większą emisję dwutlenku węgla do środowiska.

2.6 Oszacowanie emisji dwutlenku węgla przez pojazdy

W różnych pojazdach stosuje się różne rodzaje paliw, co powoduje, że mają one różne wskaźniki emisji dwutlenku węgla (CO_2) i różne wskaźniki zużycia paliwa. Wskaźnik emisji może być również uwzględniony w zależności od rodzaju używanego paliwa. Dwa paliwa, które należy wziąć pod uwagę w tym kontekście, to benzyna i olej napędowy.

2.6.1 Emisja dwutlenku węgla (CO_2) ze spalania jednego galonu paliwa

ai. Szacunki agencji ochrony środowiska (EPA)

Ilość CO_2 powstającego przy spalaniu jednego galonu paliwa zależy od ilości węgla w paliwie. Klasycznie, najważniejszy węgiel w paliwie jest emitowany jako CO_2 podczas jego spalania. Bardzo małe ilości są emitowane jako węglowodory i tlenek węgla, które są raczej przekształcane w dwutlenek węgla w atmosferze. Zawartość węgla różni się w zależności od rodzaju paliwa, a ich zmienność w obrębie każdego rodzaju paliwa jest typowa. Agencja ochrony środowiska i agencje uzupełniające stosują następujące średnie wartości zawartości węgla w celu oszacowania emisji CO_2:

Emisję dwutlenku węgla (CO_2) z jednego galonu benzyny szacuje się na 8,887 grama CO2/galon.

Emisję dwutlenku węgla (CO_2) z jednego galonu oleju napędowego szacuje się na 10 180 gramów CO2/galon.

Stwierdzono, że olej napędowy wytwarza około 15% więcej CO_2 na galon niż paliwo benzynowe. Można jednak stwierdzić, że wiele pojazdów wykorzystuje olej napędowy jako paliwo. Stwierdzono, że pojazdy te mają większą oszczędność paliwa niż podobne pojazdy, które wykorzystują benzynę. W związku z tym różnica ta zazwyczaj kompensuje wyższą zawartość węgla w oleju napędowym.

Ponadto agencje dodały, że ilość średniego dwutlenku węgla (CO_2) emitowanego podczas przejechania przez pojazd jednej mili może ulegać wahaniom na podstawie dwóch istotnych czynników.

Czynniki te są podzielone na kategorie:

1. Zużycie paliwa przez pojazd (tempo zużycia paliwa)

2. 2. Ilość węgla zawartego w paliwie pojazdu.

Większość pojazdów na drogach są dziś pojazdy benzynowe i przeciętne pojazdy mają około 21,6 mili na każdy galon paliwa. Ponieważ każdy galon benzyny wytwarza około 8.887 gramów CO_2 przy spalaniu, dlatego też przeciętny pojazd po przejechaniu jednej mili ma podaną emisję CO_2 z rury wydechowej:

$$CO_2 \ na \ milę = \frac{CO_2 pergallon}{MPG} = \frac{8{,}887}{21.6} = 411 \ gramów/gallon \ 2..........4$$

Z 2.4 rażącym jest, że przeciętny pojazd na naszych drogach emituje 411 gramów dwutlenku węgla na każdy galon zużytego paliwa. Ilość dwutlenku węgla emitowanego przez przeciętny pojazd na pewno będzie się różnić w zależności od celu jego użytkowania. Niektóre pojazdy na drogach są wykorzystywane do celów komercyjnych, podczas gdy inne dojeżdżają do pracy prywatnej. Zatem ilość emisji dwutlenku węgla na milę dla każdej ilości paliwa byłaby wyższa w przypadku pojazdów dojeżdżających do pracy w celach służbowych (handlowych) niż w przypadku pojazdów dojeżdżających do pracy w celach prywatnych.

ii. Średnia roczna emisja dwutlenku węgla (co2) z pojazdu

Zgodnie z wytycznymi dotyczącymi ochrony środowiska i raportami agencji, typowy pojazd turystyczny emituje rocznie około 4,7 tony metryczne dwutlenku węgla. Wartość emisji dwutlenku węgla w tonach metrycznych różni się w zależności od rodzaju paliwa, zużycia paliwa i liczby kilometrów, które pojazd przejechałby każdego roku. Przeciętny pojazd poruszający się dziś po drogach dojeżdża do pracy na odległość około 21,6 mili na każdy galon paliwa, co jest jednocześnie oszczędnością paliwa pojazdu. Przyjmując ten rekord za rok, pojazd będzie dojeżdżał do pracy około 11 400 mil w każdym roku. Podobnie jak w punkcie 2.6, galon benzyny, która ulega spalaniu, wytwarza około 8 887 gramów co2. W każdej jednej tonie metrycznej co2 znajduje się milion gramów co2. Jak wynika z innych szacunków badawczych, przeciętny pojazd (ponieważ większość pojazdów na drogach używa benzyny jako paliwa) w okresie jednego roku ma obliczoną emisję CO_2 z rury wydechowej:

$$\text{Corocznie } CO_2 \text{ Emisja} = \frac{CO_2\text{pergallon}}{\text{MPG}} \times \text{mile} \quad \ldots\ldots\ldots\ldots\ldots\ldots\ 2.5$$

$$Annnual\ CO_2\ emissions\ from\ \text{vehicle} = \frac{8{,}887}{21.6} \times 11{,}400 = 4.7\ metricton$$

Agencja Ochrony Środowiska wykorzystuje tę obliczoną wartość do porównania emisji CO_2 z innych źródeł do emisji z pojazdów. Agencja zapewniła, że każdy plan efektywności energetycznej, który zmniejsza emisję gazów cieplarnianych o cztery tysiące siedemset (4 700) ton metrycznych CO_2 w ciągu roku, jest realizowany poprzez usunięcie z drogi równoważnego tysiąca pojazdów.

Bi. Badania autorów mające na celu weryfikację szacunków Agencji.

Kompozycje ropy naftowej różnią się w zależności od rodzaju ropy naftowej. Praktycznie cała ropa naftowa produkowana w różnych krajach różni się składem węglowym. Autorzy stwierdzili, że niezależnie od pochodzenia ropy naftowej, skład pierwiastkowy próbek jest porównywalnie taki sam, ponieważ są one podzielone na przedziały procentowe pomiaru.

W tabeli 2.2 poniżej przedstawiono procentową reprezentację składu surowcowego ropy naftowej w celu wykazania, że węgiel ma największą i najwyższą zawartość. Za węglem jest wodór, który nigdy nie osiąga poziomu piętnastu procent w porównaniu z udziałem węgla około osiemdziesięciu sześciu do dziewięćdziesięciu czterech procent całkowitej zawartości ropy naftowej.

Tabela 2.2: Skład różnych gatunków ropy naftowej (ropa naftowa)

Elementy składowe	**Procent (%)**
Carbon	85.8-94.0
Wodór	10.5- 14.2
Siarka	0.06-7.9
Azot	0.02-1.7
Tlen	0.08-1.84
Metale	0.01-0.14

W badaniach tych oszacowano emisję dwutlenku węgla przy użyciu dwóch autobusów L300 przy spalaniu dwóch rodzajów paliwa. Dwa zastosowane paliwa to benzyna i olej napędowy. Jeden z autobusów był napędzany silnikiem benzynowym, a drugi silnikiem diesla. Do dwóch autobusów wlano odpowiednio sześć galonów paliw, w tym trzy galony benzyny i trzy galony oleju napędowego. Następnie oba autobusy zostały dopuszczone do ruchu na tych samych warunkach, aż do momentu powrotu skrajni paliwowych pojazdów do punktu zbiornikowego jego kalibracji. Warunki z jakimi dojeżdżały pojazdy obejmują zużycie paliwa w autobusach, prędkość, przyspieszenie, temperaturę itp.

Zaobserwowano, że autobus z silnikiem benzynowym przestał dojeżdżać do pracy w ciągu półtorej godziny z powodu oznaki wyschnięcia zbiornika paliwa, podczas gdy silnik wysokoprężny kontynuował jazdę do pracy przez dodatkową godzinę przed oznaki wyschnięcia zbiornika paliwa. To pokazuje ilościowo, że benzyna paliła się szybciej niż olej napędowy, co było spowodowane zawartością węgla w paliwie. Na podstawie tych obszernych dowodów (wyników) można łatwo obliczyć emisję CO2 w celu określenia ilości emitowanego CO2 poprzez zastosowanie wszystkich danych do wzoru sformułowanego przez agencje ochrony środowiska.

Jak podały agencje ds. ochrony środowiska, zawartość węgla w benzynie wynosiła 2 421 g i 2 778 g w oleju napędowym. W związku z tym CO2 emitowany na litr będzie obliczany dla różnych paliw. Zawartość węgla w tym kontekście to ilość węgla zawarta w benzynie i oleju napędowym. Ilość CO2 emitowanego z pojazdu oblicza się poprzez pomnożenie zawartości węgla w paliwie, współczynnika utleniania paliwa oraz stosunku masy cząsteczkowej CO2 do masy cząsteczkowej węgla. Obliczenia te zostały wykonane w celu sprawdzenia wpływu emisji CO2 z rury wydechowej pojazdu benzynowego w porównaniu do pojazdu z silnikiem diesla.

Do silnika benzynowego:

Ponieważ zawartość węgla (CC) w benzynie wynosi 2421 g na galon, a następnie ilość emitowanego CO2 na galon benzyny oblicza się w następujący sposób:

$$Amount\ of\ CO_2\ emitted\ per\ gallon = CC\ of\ gallon \times OF \times \frac{m.w\ of\ CO_2}{m.w\ of\ C} \ldots\ldots 2.6$$

Ilość (ilość) CO2 emitowanego na galon = 2421 × 0.99 × 44/12

Ilość emitowanego CO_2 na galon = 8796g

Ilość emitowanego CO_2 na litr = 8796/3,78 = 2327g

Do silnika diesla:

Biorąc pod uwagę, że olej napędowy zawiera 2778 g węgla na galon, ilość (ilość) CO_2 przy spalaniu jednego galonu oleju napędowego jest obliczana jako:

Ilość emitowanego CO_2 na galon = CC oleju napędowego × OF × stosunek m.w CO_2 do m.w C

Ilość emitowanego CO_2 na galon = 2778 × 0.99 × 44/12

Ilość emitowanego CO_2 na galon = 10093g

Ilość emitowanego CO_2 na litr = 10093/3,78 = 2670g

Prawdopodobna średnia roczna emisja dwutlenku węgla (CO_2) **z pojazdu:**

Przypominając o tym, że większość pojazdów poruszających się obecnie po drogach to pojazdy z silnikami benzynowymi, należy uwzględnić emisję dwutlenku węgla przez pojazdy z silnikami wysokoprężnymi, które nadal dojeżdżają do pracy na drogach. Tak wiele pojazdów przewożących towary, wykorzystywanych również do świadczenia usług, to w większości pojazdy z silnikiem diesla. Oszacowanie emisji dwutlenku węgla przez pojazdy nie może być kompletne i rozsądne bez uwzględnienia emisji z pojazdów z silnikiem diesla.

W tej uwadze emisje dwutlenku węgla z pojazdów są podzielone na procent dla silników diesla i benzynowych. Uznaje się, że pojazdy napędzane benzyną wyemitowały pewien procent ogółu pojazdów poruszających się obecnie po drogach, a pojazdy napędzane olejem napędowym mają udział w emisji równoważny procentowi ogółu pojazdów dojeżdżających do pracy na drogach. Rozsądnym faktem jest, że przeciętny pojazd, zarówno benzynowy, jak i z silnikiem wysokoprężnym, dojeżdża do pracy 11 400 mil w ciągu roku. Nadal utrzymujemy średnią milę dojeżdżania do pracy przeciętnego pojazdu na galon, która została podana przez agencje ochrony środowiska jako 21,6.

Możemy teraz obliczyć średnią roczną emisję dwutlenku węgla z przeciętnego pojazdu stosując równanie 2,5.

$$\text{Corocznie } CO_2 \text{ dla benzyny (AEG)} = \frac{CO_2\text{pergallon}}{\text{MPG}} \times \text{xmiles } 2{,}7$$

$$Substituting\ value\ of\ CO_2\ per\ in\ equation\ 2.7\ gives\ result\ below;$$

$$AEG = \frac{8{,}796}{21.6} \times 11{,}400 = 4.64\ metricton$$

$$\text{Corocznie } CO_2 \text{ dla oleju napędowego (AED)} = \frac{CO_2\text{pergallon}}{\text{MPG}} \times \text{xmiles } 2{,}8$$

Jeżeli wartość $_{CO2}$ $_{zostanie}$ zastąpiona wartością 2,7, to daje to wynik poniżej;

$$AED = \frac{10{,}093}{21.6} \times 3{,}800 = 1.78\ metric\ ton$$

Następnie całkowita roczna emisja $_{CO2}$ jest wyrażona jako TA Emisja $_{CO2}$ jak poniżej;

$\text{TA } CO_2\text{emisja} = \text{roczna } (CO_2 \text{ emisja benzyny} +$

$CO_2 \text{ emisja oleju napędowego})$

= (4,64 + 5,33) tony metryczne

$$= 9{,}97 \text{ ton metrycznych}$$

W związku z tym procentową roczną emisję tych paliw można obliczyć w sposób podany w poniższych wyrażeniach.

$$\% \text{ rocznych emisji}_{CO2} \text{ każdego z paliw} = \frac{100 \times \text{rok } CO_2 \text{ emisja paliwa}}{\text{całkowity roczny } CO_2} \text{ .... } 2.9$$

$$\text{W związku z tym, \% Roczne emisje benzyny} = \frac{100}{9.97} \text{ z } 4.64$$

$$= 46.54\%$$

$$\% \text{ Roczna emisja}_{CO2} \text{ z oleju napędowego} = \frac{100}{9.97} \text{ z } 5{,}33$$

$$= 53.46\%$$

Wyniki obliczeń pokazują zatem, że olej napędowy odpowiada za 53,46% całkowitej rocznej emisji dwutlenku węgla, podczas gdy benzyna za 46,54% całkowitej emisji dwutlenku węgla. W konsekwencji udział procentowy oleju napędowego emitowanego do środowiska jest wyższy niż w przypadku benzyny, a zatem olej napędowy jest cięższy od benzyny pod względem zawartości węgla.

ii. Przedłożenie przez badacza wyników obliczeń emisji

Obliczone wartości $_{CO2}$ emitowanego przez spalanie benzyny i oleju napędowego w pojeździe pokazują, że wartość $_{CO2}$ z oleju napędowego jest większa niż wartość $_{CO2}$ z paliwa benzynowego. Można więc przypuszczać, że olej napędowy emituje większą ilość $_{CO2}$ niż benzyna, co jest zgodne z wynikami innych badań. Co więcej, wartość $_{CO2}$ dla benzyny i oleju napędowego w pojeździe wynosi odpowiednio 8769 gramów i 10093 gramy. Różnica w ilości CO_2 uwalnianego z rury wydechowej pojazdu wynika z różnicy w zawartości węgla w paliwach (benzyna i olej napędowy).

Współczynnik utleniania stosowany w obliczeniach jest po prostu procentem węgla, który jest utleniany podczas spalania paliwa. Utlenianie jest procesem dodawania tlenu i ten tlen sprzyja spalaniu (spalaniu). Ponieważ 99% węgla w paliwie jest palne, więc 1% zawartości węgla z pewnością pozostanie niepalny. Ten 99% węgla, który jest łatwopalny, daje 0,99 współczynnika utleniania. Relatywnie, jeśli w benzynie znajduje się 2421 gramów węgla, a 1% węgla nie może się spalić, wtedy ilość węgla niepalnego zostanie obliczona jako:

Ilość niepalnego węgla w benzynie = (1/100) × 2421g = 24g.

W przypadku oleju napędowego, który zawiera 2778 gramów węgla, a 1 % węgla nie może być spalony, stwierdza się, że jest to ilość węgla niepalnego:

Ilość niepalnego węgla w oleju napędowym = (1/100) × 2778g = 28g.

Ponadto, jak widać, ilość niepalnego węgla w oleju napędowym jest większa niż ilość niepalnego węgla w benzynie. To z pewnością wpłynęłoby na zastosowanie sadzy z oleju napędowego i benzyny na tym samym obszarze. Substancją zawierającą węgiel, o której mowa w tej sekcji, jest CO_2 produkowany z rur wydechowych samochodów. Badanie wpływu zawartości węgla jest bardzo wrażliwym obszarem badań w nauce, zwłaszcza w naukach o środowisku i fizyce. Z tego powodu akumulacja emitowanych gazów w znacznym stopniu przyczynia się do zmian klimatycznych. Ważne jest, aby o tym wiedzieć, ponieważ jego obecność w atmosferze stanowi kanał przenikania promieniowania bez powrotu, działając w ten sposób jak szkło w atmosferze. Nadmierna emisja CO_2 wpłynęła na zdrowie ludzkie i środowisko naturalne.

2.7 Inne gazy cieplarniane (GHG) Emisje z pojazdu

Oprócz dwutlenku węgla (CO_2), samochody wytwarzają z rur wydechowych metan (CH_4) i podtlenek azotu (N_2O). Oszacowanie emisji CH_4 i N_2O z pojazdów jest trudniejsze niż oszacowanie CO_2. Emisje CH_4 i N_2O zależą od konstrukcji silnika i układu kontroli emisji spalin w stosunku do zużycia paliwa na każdą milę. Zwykła emisja dwutlenku węgla wynosi blisko 95-99% całkowitej emisji gazów cieplarnianych z pojazdu dojeżdżającego do pracy po uwzględnieniu współczynnika ocieplenia globalnego wszystkich gazów cieplarnianych. Pozostałe 1-5% emisji gazów cieplarnianych to emisje CH_4, N_2O i HFC.

2.8 Wpływ benzyny mieszanej z etanolem na rury rozdzielcze pojazdu

Większość benzyn to mieszaniny benzyn zawierające pewien procent innych związków organicznych. Dobrym przykładem jest benzyna składająca się z dziesięciu procent (10%) etanolu regularnie uważanego za E10. W przeciwieństwie do zwykłej benzyny, czysty etanol jest wysoce niegroźny i ulega biodegradacji, która rozbija się na substancje nieniszczące. Istnieją inne mieszaniny benzyny, a nazwy są podane według zawartości procentowej dodawanego do niej etanolu. Dokładny skład benzyny w pojeździe będzie się różnił w zależności od pory roku i innych czynników. Zużycie paliwa i emisja dwutlenku węgla podczas używania mieszanki benzyny z etanolem w pojeździe zależą od procentowej zawartości etanolu dodanego do benzyny. Zawartość węgla w galonie etanolu jest mniejsza w porównaniu z benzyną. W związku z tym można stwierdzić, że emisja dwutlenku węgla jest średnio zmniejszana poprzez mieszanie paliwa z pewnym procentem etanolu przed jego użyciem. Ponadto, wpływ etanolu w środowisku kumulacji benzyny zależy od tego, jak etanol jest produkowany.

ROZDZIAŁ TRZY

SKUTKI DZIAŁANIA DWUTLENKU WĘGLA, JEGO NORMY I PRZEPISY

3.1 Skutki gospodarcze

Produkcja CO_2, głównego gazu przyczyniającego się do zmian klimatycznych, ma zasadnicze znaczenie dla spalania paliw kopalnych. W szczególności energia cieplna powstaje w wyniku przerwania wiązań chemicznych w oleju węglowodorowym, węglu, gazie ziemnym oraz podczas utleniania składników do CO_2 i H2O. Nie można mieć taniej generacji energii pozbawionej emisji dwutlenku węgla. Podobnie, emisja metanu (CH4) jako ważnego gazu cieplarnianego sama w sobie jest niezbędna, aby zapobiec gromadzeniu się wodoru w procesie fermentacji beztlenowej i rozkładu. Ktoś, kto bierze wołowinę, baraninę, nabiał lub ryż, musi wydychać emisje metanu. Źródła emisji gazów cieplarnianych są niezwykle subtelne niż problemy środowiskowe, które powodują. Zmiany klimatu są konsekwencją wszystkich zewnętrznych i widocznych wyzwań środowiskowych, takich jak spalanie paliw kopalnych, itp.

Przyczyny i skutki zmian klimatycznych są bardzo zróżnicowane. Zmiany klimatyczne są realne i istnieją od dziesięcioleci bez oczywistych skutków, dopiero po rewolucji przemysłowej. Niektóre gazy cieplarniane wydłużyły się, a ich istnienie oceniono na dziesiątki tysięcy lat. Stwierdzono, że ilość emisji ewoluujących w atmosferze jest ogromna. W 2000 r. samą emisję dwutlenku węgla (z wyłączeniem zmian w użytkowaniu gruntów) oszacowano na dwadzieścia cztery miliardy ton metrycznych dwutlenku węgla (tCO2).

Emisje gazów cieplarnianych na osobę są wyższe w krajach o wysokich dochodach, podczas gdy względne skutki zmian klimatycznych są większe w krajach o wysokich dochodach. Emisje gazów cieplarnianych pochodzą głównie z krajów o wysokim dochodzie, podczas gdy negatywne skutki zmian klimatycznych są dominujące w krajach o wysokim dochodzie. Skutki zmian klimatycznych są bardziej odczuwalne przez kraje o wysokim dochodzie, które w najmniejszym stopniu przyczyniają się do zmian klimatycznych. Przyczyna tego brzydkiego incydentu z udziałem krajów o niskich dochodach, które w największym stopniu odczuwają skutki zmian klimatu, jest bardzo prosta. Argument w tej sprawie uświadomił nam, że kraje o wysokim dochodzie inwestują ogromne kwoty w zielony program przyrodniczy, który służy jako pochłaniacz emisji dwutlenku węgla. Co więcej, kraje o niskich dochodach mogą nie mieć wystarczających dochodów, aby zainicjować program zielonej natury. Program zielonej natury oznacza po prostu uchwalenie prawa do sadzenia zielonych roślin i drzew.

Krańcowy koszt szkód wyrządzonych przez dwutlenek węgla, znany również jako społeczny koszt węgla, można zdefiniować jako łączną wartość ostatnich dodatkowych szkód spowodowanych niewielkim wzrostem emisji dwutlenku węgla. Ekonomiczne koszty zmian klimatu mogą prowadzić do bardzo różnych szacunków kosztów krańcowych.

3.2 Skutki dla środowiska naturalnego

Wzrost emisji gazów cieplarnianych (GHG) jest hipotetycznie spowodowany dużą akumulacją na powierzchni i niższymi temperaturami atmosferycznymi. Wynika to z nadmiernej emisji CO_2 dostępnej w atmosferze.

Co istotne, zwiększony poziom dwutlenku węgla w atmosferze powoduje znacznie większe globalne ocieplenie klimatu i związane z nim skutki. Zmiany w atmosferze spowodowały nagłe dostosowanie warunków pogodowych pod względem opadów, natężenia światła słonecznego, wilgotności, itp. Inne zagrożenie, takie jak erozja, jest również konsekwencją nadmiernej emisji dwutlenku węgla obecnej w atmosferze. Dwutlenek węgla występuje naturalnie jako gaz cieplarniany, w tym para wodna, metan i podtlenek azotu. Wszystkie te gazy pomagają również utrzymać ciepło Ziemi poprzez pochłanianie energii słonecznej i przekazywanie jej z powrotem na jej powierzchnię. Wzrost ilości dwutlenku węgla powoduje nadmierną ilość gazów cieplarnianych, które zatrzymują dodatkowe ciepło. Uwięzione ciepło prowadzi do topnienia pokrywy lodowej i podnoszenia się poziomu oceanów, które w widoczny sposób powodują powodzie.

Co najważniejsze, konsekwentny efekt emisji dwutlenku węgla bezpośrednio związanej z człowiekiem, którym jest emisja dwutlenku węgla, ogromnie zwiększa wzrost roślin. Przy wysokich stężeniach dwutlenku węgla, czyli podwyższonych stężeniach dwutlenku węgla w atmosferze, tempo wzrostu roślin i plony postępują geometrycznie. Dwutlenek węgla jest niezbędny do przetrwania roślin i zwierząt. Jednak jego nadmiar może spowodować, że całe życie na ziemi umrze. Rośliny i zwierzęta nie tylko połykają dwutlenek węgla, ale także polegają na gazie, który zapewnia im ciepło, ponieważ jest on integralnym składnikiem ziemskiej atmosfery.

3.3 Skutki dla zdrowia

Chociaż normalny poziom dwutlenku węgla jest uważany za nieszkodliwy w odpowiednich warunkach, to jednak może powodować niekorzystne problemy zdrowotne. Wysokie stężenie dwutlenku węgla w obszarach zamkniętych może być potencjalnie niebezpieczne. Dwutlenek węgla może działać jako wypieracz tlenu w przestrzeni zamkniętej i powodować szereg niepożądanych reakcji na zdrowie człowieka. Reakcje te nie ograniczają się do zawrotów głowy, dezorientacji, uduszenia, ale także w pewnych okolicznościach śmierć następuje po depresji ośrodkowego układu nerwowego z rozszerzoną ekspozycją na wysoki poziom dwutlenku węgla, co powoduje, że system kompensacyjny organizmu przechodzi w stan przytłaczający lub zawodny.

Dwutlenek węgla jest uważany za potencjalny środek toksyczny przy wdychaniu i prosty środek uduszający. Wchodzi on do organizmu z atmosfery przez płuca i jest rozprowadzany do krwi i może powodować zaburzenia równowagi kwasowo-zasadowej lub kwasicę. Kwasica jest spowodowana nadmiarem CO2 we krwi. W normalnych warunkach fizjologicznych stężenie CO2 we krwi jest wyższe niż w płucach, tworząc gradient stężenia, gdzie CO2 z krwi dyfunduje do płuc, a następnie jest wydychany. Wzrost wydychanego CO2, a następnie reakcja z wodą we krwi tworzy kwas węglowy (H2CO3), który następnie rozpada się na jony wodorowe [H+] i wodorowęglan [HCO3]. Nadmiar CO2 przesuwa równowagę w kierunku tworzenia większej ilości jonów wodorowych, tworząc w ten sposób kwaśne środowisko (patrz równanie 3.1 poniżej). Podczas kwasicy oddechowej, pH krwi staje się mniejsze niż 7,35.

$CO_2 + H_2O \leftrightarrow H_2CO_3 \leftrightarrow H^+ + HCO_3$ 3.1

Nierównowaga elektrolitowa występuje w wyniku zmniejszenia zawartości chlorku osocza krwi, potasu i wapnia oraz zwiększenia zawartości sodu w osoczu krwi.

Co więcej, środowisko ubogie w tlen nie pozwala komórkom w organizmie na uzyskanie tlenu potrzebnego im do przeżycia. Na szczęście organizm kompensuje nadmiar jonów H+ poprzez wiązanie protonów z hemoglobiną. Ponadto płuca starają się zrekompensować nadmiar CO_2 usuwając go, co jest przyczyną szybkiego oddychania widocznego podczas ostrej ekspozycji na CO_2. Po długotrwałej ekspozycji, nerki zaczynają utrzymywać równowagę pH krwi poprzez zatrzymywanie wodorowęglanów i wydalanie jonów wodorowych w celu skorygowania kwasicy.

Objawy związane z ostrym narażeniem na CO_2 zostały przedstawione w tabeli 3.1 poniżej. Leczenie wysokiego narażenia na działanie tego związku polega na usunięciu ofiary z zamkniętej przestrzeni lub nieodpowiedniego środowiska tlenowego i zwiększeniu dopływu tlenu do osoby narażonej.

Tabela 3.1: Objawy od niskiego do wysokiego stężenia CO_2

Proporcja CO_2	**Symptomatyczne skutki stężenia** CO_2
2 do 3	Krótki oddech, głęboki oddech
5	Oddychanie staje się ciężkie, pocenie się, puls przyspieszony
7.5	Bóle głowy, zawroty głowy, niepokój,

	zadyszka, zwiększone ciepło i ciśnienie krwi, zniekształcenia wzroku
10	Upośledzenie słuchu, mdłości, wymioty, utrata przytomności
30	Śpiączka, konwulsje, śmierć

Odnotowano kilka rachunków dotyczących narażenia na nadmierną ilość CO_2. W Zachodniej Wirginii wystąpiły objawy narażenia na CO_2, takie jak lekkie zamieszanie, bóle głowy i niewyraźne widzenie na poziomie 9,5% w ich piwnicach. Departament Ochrony Środowiska Wirginii Zachodniej ujawnił, że ich dom był narażony na wysokie stężenie CO_2, ponieważ został zbudowany nad odzyskaną powierzchnią i opuszczoną głęboką kopalnią węgla.

3.4 Wpływ na rośliny

Rośliny wykorzystują CO_2 jako podstawowy składnik fotosyntezy i są uzależnione od tego, czy gaz jest w stanie przetrwać. W skoncentrowanych warunkach korzenie roślin faktycznie ulegają uduszeniu, co uniemożliwia roślinom odpowiednie pobieranie składników odżywczych i obumierają. Proces ten został zaobserwowany w Mamucie w Kalifornii podczas niedawnej aktywności wulkanicznej.

Te podwyższone stężenia były już mierzone w wykopach w śniegu i glebie, w budynkach o słabej wentylacji oraz w podziemnych skrzynkach zaworowych w okolicach Mamuta. Duża ilość CO_2 w wyrobiskach i studniach występuje ze względu na fakt, że CO_2 jest gęstszy od powietrza, które może powoli się gromadzić. W szczególności, poziomy gazu glebowego CO_2 w studni śnieżnej w Mamucie zostały zmierzone na 70% po śmierci narciarza w studni. Dzieje się tak, ponieważ rozkład ciała narciarza uwalniał i dodawał CO_2 do gleby w studni.

Efekt nawożenia CO_2 rozpoczyna się od promocji fotosyntetycznego wiązania CO_2. Węglowodany niestrukturalne mają tendencję do kumulowania się w liściach i innych organach roślin w postaci skrobi, węglowodanów rozpuszczalnych lub polifruktozanów, które są zależne od gatunku. W niektórych przypadkach może dojść do zahamowania fotosyntezy sprzężenia zwrotnego związanego z gromadzeniem się węglowodanów niestrukturalnych. Wzrost akumulacji węglowodanów, zwłaszcza w liściach, pokazuje, że rośliny uprawne rosną pod wpływem wzbogacania CO_2, które może nie być w pełni przystosowane do pełnego wykorzystania dużego skoku CO_2. Może to wynikać z faktu, że rośliny wzbogacone w CO_2 nie mają odpowiedniego pochłaniacza, nie są w stanie załadować floemu i przenieść rozpuszczalnych węglowodanów. Poprawa wykorzystania fotoasymilatów powinna być jednym z celów projektowania odmian na przyszłość.

W procesie wzrostu, fotoasymilaty są przydzielane do pędów wegetatywnych, systemu korzeniowego lub organów rozrodczych. W niektórych przypadkach więcej fotoasymilatów roślin bogatych w CO_2 jest przydzielanych do systemu korzeniowego niż do pędów. Nad ziemią, więcej fotoasymilatów trafia zazwyczaj do łodyg i struktur nośnych niż do liści. Zjawisko to może nie być nieodłączną odpowiedzią na podwyższony poziom CO_2, ale może być produktem ubocznym większych rozmiarów roślin często spotykanych w atmosferach wzbogaconych w CO_2, zwłaszcza przez gatunki wytwarzające gałęzie, które są odcięte wzdłuż głównych pędów w powietrzu.

3.5 Temperatura atmosferyczna i powierzchniowa

Należy wziąć pod uwagę dostępne informacje o temperaturze i jej kwalifikacjach. Temperatura Ziemi zmienia się naturalnie w szerokim zakresie, ale dostępne dane temperaturowe są ograniczone przestrzennie i czasowo. Zapisy sięgające ponad 350 lat wstecz są rekonstruowane na podstawie danych przybliżonych. Niedawna rekonstrukcja temperatury na półkuli północnej z obiektów daje rekord sięgający 1000 lat wstecz. Rekonstrukcja ta opiera się przede wszystkim na szerokości i zagęszczeniu pierścieni drzew, które są przede wszystkim wskaźnikami temperatury w okresie letnim. Rekord ten waha się w przedziale nie większym niż 1°C w średniej półkuli. Istnieją istotne ograniczenia w interpretacji temperatury zastępczej. Na przykład Keigwin stwierdził, że szerokość i zagęszczenie drzew stały się mniej wrażliwe na ostatnie zmiany temperatury w ciągu ostatnich kilkudziesięciu lat. Dalsze wyjaśnienie oznacza po prostu, że szerokość i zagęszczenie drzew mają mniej globalnych informacji na temat zmian temperatury. Ale podsumowanie ujawniło zmianę temperatury morza o temperaturze powierzchniowej zrekonstruowanej z izotopów tlenu w skorupach gumy Globigerinoides w kroplach osadowych w Morzu Sargassowym w ciągu poprzednich 3000 lat. Temperatury powierzchni morza w takim miejscu wahały się w granicach ok. 3,6°C w ciągu poprzednich 3000 lat na tle raportu o zmianie szerokości drzewa i gęstości temperatury.

Keigwin nie może być omawiany bez wspomnienia o dwóch zauważalnych cechach w jego zapisie, takich jak Mała Epoka Lodowcowa około 300 lat temu i Średniowieczne Optymalne Klimatu około 1000 lat temu. W okresie Średniowiecznego Klimatu Optimum temperatury były wystarczająco ciepłe, aby umożliwić kolonizację Grenlandii. Kolonie zostały jednak opuszczone po pojawieniu się zimniejszych temperatur i przez ostatnie 300 lat. Temperatury na świecie stopniowo odradzają się. Według Grove'a, rekord lodowcowy utrzymuje znaczne i spójne ochłodzenie na wszystkich kontynentach, w porozumieniu z rekonstrukcją Bradley & Jones na półkuli północnej.

Dowodem jest więc, że Mała Epoka Lodowcowa była wydarzeniem co najmniej w skali półkulistej (jeśli nie globalnej). W kwestii Średniowiecznego Optymalnego Klimatu istniało kilka linii dowodowych wskazujących na ciepłe temperatury około 1000 lat BP (przed obecną). Dowody te obejmują lodowce górskie, moreny lodowcowe, porosty pierścieni i szerokości drzew, osady muszlowe oraz dokumentację historyczną, wskazującą na dość powszechne, choć nie silnie zsynchronizowane ciepło. Na przykład w Chinach i Japonii ocieplenie zakończyło się 900 lat BP, podczas gdy w Europie i Ameryce Północnej ocieplenie trwało przez kolejne 2 lub 3 wieki.

Tendencja spadkowa zrekonstruowanej temperatury półkuli północnej jest zgodna z erozją klimatu na łuskach półkulistych, od 1000 lat do Małej Epoki Lodowcowej.

W ostatnim czasie dostępne stały się zapisy instrumentalne. Jednym z długich zapisów powierzchniowych z dobrą kontrolą jakości i pokryciem znacznego obszaru lądowego jest zapis kontynentalny Stanów Zjednoczonych.

3.6 Normy dotyczące śladu węglowego

Ustalono, że sześć gazów cieplarnianych przyczynia się przede wszystkim do globalnego ocieplenia, a na poziomie krajowym wyznaczono cele w zakresie redukcji tych emisji. Każdy z gazów cieplarnianych ma inny wpływ w zależności od swojego składu chemicznego i czasu przebywania w atmosferze. Istnieje kilka międzynarodowych norm dotyczących śladu węglowego. Pierwszą normą definiującą ślad węglowy był protokół w sprawie gazów cieplarnianych. Stanowił on podstawę dla większości innych norm dotyczących śladu węglowego. Protokół w sprawie gazów cieplarnianych jest zdefiniowany w trzech kategoriach:

Kategoria 1: Emisje bezpośrednie, np. gaz używany w generatorach lub paliwo zużywane w transporcie.

Kategoria 2: Emisje pośrednie, np. zakupiona energia elektryczna i cieplna.

Kategoria 3: Inne emisje pośrednie, np. produkty.

W Zjednoczonym Królestwie przyjęto przepisy mające na celu ograniczenie emisji dwutlenku węgla w formie zobowiązań do redukcji emisji dwutlenku węgla (Carbon Reduction Commitments - CRCs). System ten początkowo obejmował emisje w kategoriach 1 i 2, ale został uproszczony i obecnie obejmuje tylko emisje związane z energią elektryczną, a w niektórych przypadkach także z ogrzewaniem.

Międzynarodowa Organizacja Normalizacyjna (ISO) opracowała serię ISO 14000 w oparciu o protokół dotyczący gazów cieplarnianych. Standardy z tej serii, które są najbardziej istotne dla nadruku węglowego produktów, to ISO 14040 Ocena cyklu życia i 1SO 14064 gazów cieplarnianych. 1S014040 określa ramy dla obliczania śladu węglowego produktu przy użyciu LCA (Life Cycle Analysis). ISO 14064 definiuje kwantyfikację gazów cieplarnianych na poziomie produktu i organizacji, a także dostarcza metod weryfikacji jakości danych wykorzystywanych do obliczania emisji.

Podczas gdy zobowiązania do redukcji emisji dwutlenku węgla (CRC) koncentrują się na sprawozdawczości i redukcji emisji kategorii 1 i 2, badania wykazały, że kategoria 3 odpowiada za znaczną ilość emisji dwutlenku węgla. Na przykład w latach 1990-2008 emisje kategorii 3 rządu Zjednoczonego Królestwa wzrosły proporcjonalnie z 65 % do 77 % całkowitych emisji. Ponadto oszacowano, że w 2010 r. zamówienia publiczne odpowiadały za 65 % emisji dwutlenku węgla w ramach krajowej służby zdrowia, co oznacza wzrost w stosunku do emisji z 2004 r., które wynosiły 60 %. Świadczy to wyraźnie o tym, że emisje z kategorii "zakres" stanowią znaczną część emisji i że nie są one uwzględniane w przepisach.

Jeden z badaczy stwierdza, że normy wymagają zazwyczaj sprawozdawczości w zakresie emisji na poziomie 1 i 2 (równoważnych z kategoriami I i 2 określonymi w protokole dotyczącym gazów cieplarnianych), ważne jest, aby również sprawozdawczość w zakresie emisji na poziomie 3 (równoważnych z kategorią 3 określoną w protokole dotyczącym gazów cieplarnianych). Twierdzą oni, że w przypadku większości organizacji emisje na poziomie 3 stanowią około 74% całkowitych emisji. Pokazuje to, że duża liczba norm wymaga od organizacji raportowania tylko małej części ich emisji.

3.7 Ramy regulacyjne

Protokół z Kioto jest obecnie najsilniej wiążącym globalnym planem działania na rzecz globalnego ocieplenia. Protokół ustanawia prawnie wiążące cele w zakresie emisji gazów cieplarnianych (GHG) dla poszczególnych krajów. Protokół zawiera mechanizmy elastyczności, które mają pomóc krajom w osiągnięciu ich celów redukcji emisji.

Po pierwsze, Strony posiadające zobowiązania przyjęły cele w zakresie ograniczenia emisji. Cele te są wyrażone jako poziomy dopuszczalnych emisji w okresach zobowiązań 2008-2012. Te dozwolone emisje są podzielone na "jednostki przyznanej emisji" (AAU). Handel uprawnieniami do emisji pozwala krajom, które dysponują jednostkami emisji, na sprzedaż tej nadwyżki mocy produkcyjnych krajom, które przekroczyły swoje cele.

Drugim z tych mechanizmów elastyczności jest utworzenie dwóch rodzajów kredytów węglowych dostępnych do handlu: Certyfikowane jednostki redukcji emisji dwutlenku węgla (CERCC) i limity redukcji emisji (ERL).

Mechanizm Czystego Rozwoju (CDM) pozwala krajowi, który zobowiązał się do redukcji emisji, na wdrożenie projektu redukcji emisji w krajach rozwijających się i uzyskuje (poświadczoną redukcję emisji) kredyty CER, z których każdy odpowiada jednej tonie CO_2, które mogą być zaliczone na poczet realizacji celów z Kioto.

Mechanizm wspólnego wdrażania umożliwił krajowi, który zobowiązał się do redukcji emisji, uzyskanie równoważnych jednostek mieszkalnych (ERU) z projektu redukcji emisji lub usuwania emisji. Każda z tych równoważnych jednostek mieszkalnych ma jedną tonę CO_2, która może być liczona jako osiągnięcie celu z Kioto. Ponadto, wiele rządów podejmuje działania mające na celu redukcję emisji gazów cieplarnianych (GHG) poprzez krajową politykę, która obejmuje wprowadzenie krajowych programów handlu emisjami, programów dobrowolnych, podatków węglowych lub energetycznych oraz regulacji i standardów dotyczących efektywności energetycznej i emisji.

W związku z tym przedsiębiorstwa muszą być w stanie zrozumieć ryzyko związane z gazami cieplarnianymi (GHG) i zarządzać nim, jeśli mają zapewnić długoterminowy sukces w konkurencyjnym środowisku biznesowym oraz być przygotowane na przyszłe krajowe lub regionalne polityki klimatyczne.

ROZDZIAŁ CZWARTY

PRZEWODNICTWO ELEKTRYCZNE SADZY Z PALIWA

4.1 Węgiel czarny i prąd elektryczny

Oporność elektryczna (podobnie nazywana określoną opornością elektryczną lub opornością objętościową) oznacza wewnętrzną właściwość, która wylicza jak energicznie dany materiał przeciwstawia się przepływowi prądu elektrycznego. Rezystywność materiału może być niska lub wysoka. Niska rezystywność oznacza materiał, który łatwo pozwala na swobodny przepływ prądu elektrycznego, podczas gdy wysoka rezystywność oznacza po prostu, że materiał nie pozwala na swobodny przepływ prądu. Rezystywność jest powszechnie reprezentowana przez grecką literę ρ (rho). Jednostką SI oporności elektrycznej jest om-metr (Ω-m). Przewodność elektryczna lub przewodność właściwa jest odwrotnością oporności elektrycznej. Mierzy ona zdolność materiału do przewodzenia prądu elektrycznego. Jest ona powszechnie reprezentowana przez grecką literę σ (sigma). Kappa (κ) i gamma (γ) są również używane do przedstawiania przewodności elektrycznej, szczególnie w elektrotechnice. Jednostką S.I przewodności elektrycznej jest siemens na metr (S/m). Wiele rezystorów i przewodników ma jednolity przekrój poprzeczny, co sprzyja ich jednolitości w przepływie prądu elektrycznego, wskazując na ich wytwarzanie z podobnym materiałem. Wszystkie druty miedziane, niezależnie od ich kształtu i rozmiaru, mają w przybliżeniu taką samą oporność elektryczną. W inny sposób długi i cienki drut miedziany ma znacznie większą rezystancję niż gruby i krótki drut miedziany. Każdy materiał ma swoją własną charakterystyczną rezystywność. Z dowodów eksperymentalnych wynika, że rezystywność gumy jest znacznie większa niż miedzi. Rezystywność ta jest wyrażona matematycznie jako:

$$\rho = \frac{R \quad A}{L} \qquad \ldots\ldots\ldots\ldots\ldots\ldots\ldots\ldots\ldots\ldots\ldots\ldots\ldots\ldots 4.1$$

Strona ρ przedstawia rezystywność, R przedstawia rezystancję, A przedstawia pole przekroju, a L przedstawia długość materiału przewodzącego.

W analogii hydraulicznej, przepuszczanie prądu przez materiał o wysokim oporze to jak przepychanie wody przez rurę wypełnioną piaskiem, a przepuszczanie prądu przez materiał o niskim oporze to jak przepychanie wody przez pustą rurę. Jeśli rury mają ten sam rozmiar i kształt, to rura wypełniona piaskiem ma większy opór przepływu wody. Opór ten nie jest jednak uzależniony wyłącznie od obecności lub braku piasku, ale zależy również od długości i szerokości rury. Krótkie lub szerokie rury mają mniejszy opór niż rury wąskie lub długie. Powyższe równanie (np. 4.1) może być odwrócone, aby uzyskać prawo Pouillet nazwie Claude Pouillet:

$$R = \frac{\rho L}{A} \qquad \ldots\ldots\ldots\ldots\ldots\ldots\ldots\ldots\ldots\ldots\ldots\ldots\ldots\ldots 4.2$$

Inne prawo, które najlepiej opisuje związek pomiędzy rezystancją, prądem i napięciem obwodu elektrycznego, znane jest jako prawo Ohma. Prawo Ohma stwierdza, że prąd przechodzący przez metalowy przewodnik jest wprost proporcjonalny do różnicy potencjałów pomiędzy końcówkami przewodu pod warunkiem, że temperatura i inne właściwości fizyczne pozostają stałe. Może być ono reprezentowane przez:

$$I \propto V \quad 4.3$$

$$V = IR \quad 4.4$$

Metal składa się z siatki atomów, z których każdy posiada zewnętrzną powłokę zawierającą elektrony, które swobodnie oddzielają się (dysocjują) od swoich atomów macierzystych i przemieszczają się od końca do końca wzdłuż tej siatki. Znana jest również jako dodatnia siatka jonowa. Ta chmura elektronów dysocjujących pozwala metalowi przewodzić prąd elektryczny. W półprzewodnikach pozycja poziomu Fermiego mieści się w szczelinie pasmowej, mniej więcej pośrodku pasma przewodzenia (minimum) i pasma walencyjnego (maksimum) dla półprzewodników wewnętrznych. Oznacza to, że przy zerowej wartości Kelvina (0 K) nie ma swobodnych elektronów przewodzących, a opór jest nieskończony. Rezystancja ta jednak ciągle maleje wraz ze wzrostem gęstości nośnika ładunku w paśmie przewodzenia. W zewnętrznych (domieszkowanych) półprzewodnikach, atomy domieszkowane zwiększają koncentrację większości nośników ładunku poprzez oddawanie elektronów do pasma przewodzenia lub wytwarzanie otworów w paśmie walencyjnym. W przypadku obu rodzajów atomów dawcy lub akceptora, zwiększenie gęstości dopingu zmniejsza opór. Dlatego też wysoko domieszkowane półprzewodniki zachowują się metalicznie.

Atom, którego elektron walencyjny jest mniejszy niż cztery jest uważany za metaliczny i przewodzący; atom z elektronem walencyjnym większym niż cztery jest nazywany niemetalem i izolatorem; a atom, którego elektron walencyjny jest cztery jest nazywany półprzewodnikiem. Materiały półprzewodnikowe to atomy takie jak krzem, german i węgiel, ponieważ mają cztery elektrony walencyjne.

Sadza jest również uważana praktycznie za czysty węgiel pierwiastkowy w postaci cząsteczek koloidalnych, które powstają w wyniku ograniczonego spalania lub rozkładu termicznego węglowodorów gazowych lub ciekłych w warunkach kontrolowanych.

4.2 Eksperymentalny projekt przewodności elektrycznej sadzy (Carbon Black's Electrical Conductivity)

Wpływ sadzy emitowanej z rury wydechowej pojazdów z silnikami benzynowymi i wysokoprężnymi zweryfikowano w ramach eksperymentu przeprowadzonego przez autorów. Paliwa stosowane w pojazdach to benzyna i olej napędowy. Procedury i materiały użyte w trakcie przeprowadzania tego eksperymentu zostaną wyraźnie przyjęte dla lepszego zrozumienia badań i ich wyników.

4.2.1 Wymagane materiały

W trakcie przeprowadzania tych badań wykorzystano następujące materiały w celu uzyskania efektywnych wyników. Należą do nich: woltomierz, amperomierz, rezystor (standard), reostat, bateria, przewody łączące, łopatka, waga, tygiel, sadza, folia aluminiowa, termometr (cyfrowy), rozcieńczony kwas tetraoksosiarczanowy (vi) (H2SO4), strzykawka (15ml).

4.2.2 Nabywanie sadzy

Niniejsza sekcja dotyczy produkcji i gromadzenia sadzy złożonej poprzez spalanie równej ilości benzyny i oleju napędowego w dwóch agregatach prądotwórczych i dwóch pojazdach. Dziesięć galonów paliwa (benzyna lub olej napędowy) zostało zużytych w każdym z układów (dwa zespoły prądotwórcze i dwa pojazdy).

Etap 1: Do spalania paliw wykorzystano dwa generatory składające się z silnika benzynowego i silnika wysokoprężnego. Dziesięć galonów benzyny wlało się do generatora z silnikiem benzynowym, a kolejne dziesięć galonów oleju napędowego wlało się do generatora z silnikiem diesla. Oba generatory zostały założone i dopuszczone do pracy do momentu, gdy paliwo z generatorów prawie się wyczerpało, ponieważ generatory wykazywały oznaki przesunięcia. Następnie sadzę odkładającą się (produkowaną) w rurach wylotowych obu silników pobrano jako próbki A i B z odpowiednim oznakowaniem.

Etap 2: Do spalania paliw użyto dwóch pojazdów składających się z silnika benzynowego i silnika wysokoprężnego. Dziesięć galonów benzyny wlano do pojazdu z silnikiem benzynowym (autobus L300), a kolejne dziesięć galonów oleju napędowego wlano również do pojazdu z silnikiem diesla (autobus L300). Następnie oba autobusy mogły dojeżdżać do pracy aż do momentu, gdy wskaźniki paliwa wskazywały na prawie całkowite opróżnienie zbiorników paliwa pojazdu. Do tego czasu w rurze wydechowej (rurze wydechowej) osadzała się odpowiednia ilość sadzy, a tym bardziej sadza osadzająca się (produkowana) była pobierana z rur wydechowych autobusów jako próbki C i D i odpowiednio oznakowana.

4.2.3 Schemat połączeń w eksperymencie przewodności elektrolitycznej sadzy

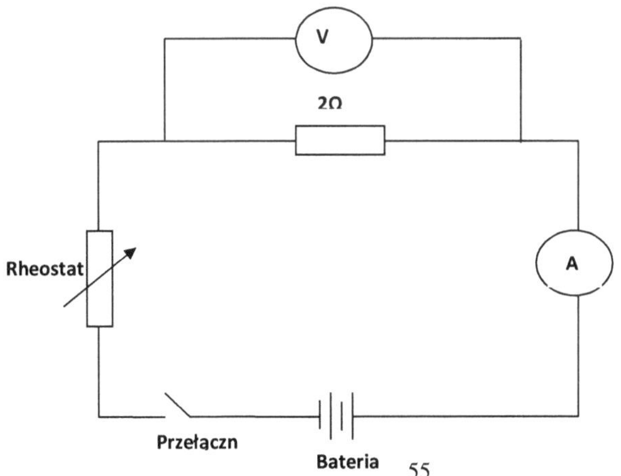

Rys.4.1: Schemat obwodowy doświadczenia przed podłączeniem sadzy.

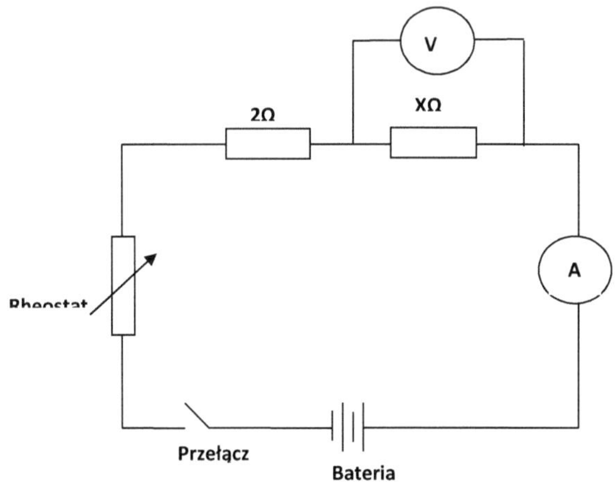

Rys.4.2: Schemat przebiegu eksperymentu przy podłączeniu sadzy.

Z rysunku 4.1. podane są wartości R i baterii:

Wartość R = 2Ω

Wartość akumulatora = 12V

Na rysunku 4.2 przedstawiono nieznaną oporność, która jest opornością węgla:

Wartość X = nieznana odporność sadzy.

4.2.4 Procedura

Amprometr mierzący prąd płynący przez metalowy przewód został połączony szeregowo z materiałem przewodzącym (wartość 2Ω), reostatem i baterią. Woltomierz połączono równolegle z materiałem przewodzącym i zmierzono w poprzek jego długości p.d. Przepływ prądu w obwodzie został umożliwiony przez naciśnięcie (zamknięcie) wyłącznika. Reostat zmieniano w celu uzyskania namacalnych wartości prądu i p.d. i rejestrowano jako ich wartości początkowe odpowiednio jako Io i V_O. Reostat był utrzymywany na stałym poziomie w kolejnych powtórzeniach.

Ponownie otwarto obwód, a następnie połączono szeregowo sadzę z materiałem 2Ω, który nie wykazywał czytelnego przepływu prądu na amperomierzu. Obwód został odłączony, a następnie proces powtórzono łącząc kolejny materiał (strzykawka zawierająca 5ml H2SO4) szeregowo z materiałem 2Ω, a wartości prądu i p.d zostały zarejestrowane odpowiednio jako I_S i Vs. Następnie do strzykawki zawierającej 5ml H2SO4 dodano 0,4g sadzy, odpowiednio shackowanej i połączonej szeregowo z materiałem 2Ω. Klucz (przełącznik) został zamknięty, a wartości prądu i p.d. zostały zapisane odpowiednio jako I i V. Ilości sadzy zmieniały się w odstępach 0,4 grama przez kolejne dziewięć razy (do 4,0 grama sadzy), a wartości I i V były rejestrowane. Mieszanina sadzy i rozcieńczonego H2SO4 była odpowiednio oznaczona znakiem X dla dokładnej rejestracji i wyraźnego zrozumienia.

4.3 Ustalenia z eksperymentu

W obwodzie jako źródło zasilania DC zastosowano akumulator 12 V. Pierwszy odczyt przy połączeniu szeregowym rezystora stałego 2Ω z reostatem (rezystor zmienny) dał początkowe wartości woltomierza (p.d.) i amperomierza (prąd) jako V_O i Io.

$V_o = 4,24V$

$I_o = 2,14A$

Ponieważ jako źródło napięcia zastosowano akumulator 12V i 4,24 był to spadek napięcia na rezystorze stałym 2Ω, następnie obliczono napięcie reostatyczne (Vr):

$Vr = (12-4.24) = 7.76V.$

Biorąc pod uwagę, że prąd w obwodzie wynosi 2,14, to rezystancja (R_e) reostatu jest określana za pomocą zależności Ohma: V = IR;

$R_e = Vr/I$

$R_e = 7,76/2,14$

$R_e = 3,66\Omega$

Rezystor 3,66Ω był ustawioną (standardową) rezystancją reostatu dla odpowiedniego odczytu p.d. i prądu. Ta wartość R_e przeciwstawiała się przepływowi prądu poprzez spadek napięcia z 12V do 4,24V. Jest to około 65% spadek napięcia akumulatora pozwalający na przekroczenie przez reostat tylko 35% napięcia do odczytu amperomierza i woltomierza.

Gdy strzykawka zawierająca 5ml H2SO4 została połączona szeregowo z materiałem 2Ω pozostawiając reostat bez zmian, wartości prądu i p.d zostały zarejestrowane jako I_s i Vs.

$I_s = 2.11A$

$Vs = 4,26V$

Stwierdzono, że obecne wartości Io i I_s są prawie takie same, a różnica wynosi 0,03A.

4.3.1 Ustalenia dotyczące generatora

Dane, które uzyskano w wyniku doświadczenia mającego na celu określenie wpływu sadzy na przepływ prądu w przypadku stosowania benzyny lub oleju napędowego, przedstawiono w tabelach 4.1 i 4.2 poniżej. Przy każdej zmianie masy sadzy w mieszaninie masy sadzy i rozcieńczonego H2SO4 (X) połączonych szeregowo z rezystorem 2Ω i reostatem o wartości 3,66Ω zanotowano p.d. w poprzek przewodu przewodzącego i prądu. Wykresy V w stosunku do I dla każdego paliwa w układach zostały wykreślone poniżej. Metoda przedstawiania danych na tych wykresach została przyjęta w celu ułatwienia procesu określania rezystancji wyników procedury.

Zainteresowanie chemią to reakcje, które zachodzą w wyniku tworzenia się substancji markowych. Jednak fizyka jest bardzo zainteresowana reakcjami i interpretacjami wyników przeprowadzanymi głównie przy użyciu tabel, liczb, wykresów i innych przedstawień, aby zwiększyć zdolność tłumacza do jednoznacznej interpretacji w celu jasnego zrozumienia dla czytelników i naukowców. Spośród wszystkich metod reprezentacji zastosowanie wykresów jest pomocne, ponieważ ich ostateczny wynik możliwy do uzyskania w postaci gradientu jest liczbą całkowitą w odkryciu wielkości wynikowej w reakcji lub eksperymencie.

Na paliwo benzynowe:

Tabela 4.1: Zależność między różnicą potencjałów (p.d.) a prądem (I) dla sadzy z generatora benzyny

Masa, m (g)	**Potencjalna różnica, p.d. (V)**	**Prąd, I (A)**
0.4	3.12	1.82

0.8	4.46	1.61
1.2	4.88	1.42
1.6	5.24	1.21
2.0	5.76	0.93
2.4	6.01	0.62
2.8	6.38	0.51
3.2	6.46	0.43
3.6	6.59	0.36
4.0	7.13	0.28

Dane (wyniki) z eksperymentu przedstawione w powyższej tabeli zostały starannie wygenerowane i zapisane w celu osiągnięcia celów badań. Masa mierzona w gramach, różnica potencjałów mierzona w napięciach i prądach mierzona w amperach zostały skrupulatnie zestawione w celu łatwego i dalszego zbadania, omówienia i wykorzystania.

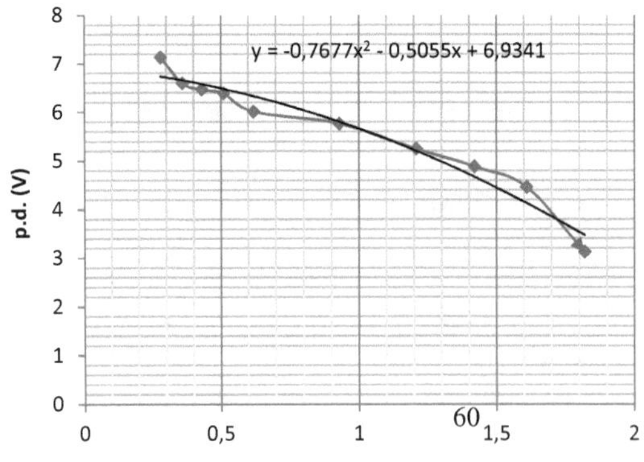

Rysunek 4.1: Wykres V versus I sadzy z generatora benzyny

Wykres utworzony na podstawie danych z tabeli 4.1 jest nieliniowym wykresem o charakterystyce wielomianu rzędu dwa. Rozważmy równanie wykresu na rysunku 4.1 powyżej, które jest wielomianem drugiego rzędu podanym przez:

y = -0,767x2 - 0,505x + 6,934. Przepisując to równanie w kategoriach V i I daje;

V = -0,767I2 - 0,505I + 6,934 4,5

Jeśli równanie 4.5 jest równe zeru, to staje się ono rozwiązywalne za pomocą równania kwadratowego. Gdy V jest ustawione na zero, znajdują się wartości I i dlatego odpowiednie wartości V będą obliczane przez podstawienie wartości I na równanie 4.5.

Podejście to może być zastosowane we wszystkich równaniach, które zostały uzyskane w tej sekcji wykresów w celu uzyskania dalszych średnich wartości V i I.

Na paliwo Diesel:

Tabela 4.2: Zależność między p.d. i I dla generatora wysokoprężnego na sadzę

Masa, m (g)	**Potencjalna różnica, p.d . (V)**	**Prąd, I (A)**
0.4	3.41	1.57
0.8	4.96	1.34
1.2	5.37	1.02
1.6	5.92	0.88

2.0	6.21	0.67
2.4	6.49	0.38
2.8	6.96	0.29
3.2	6.77	0.21
3.6	6.89	0.16
4.0	7.19	0.10

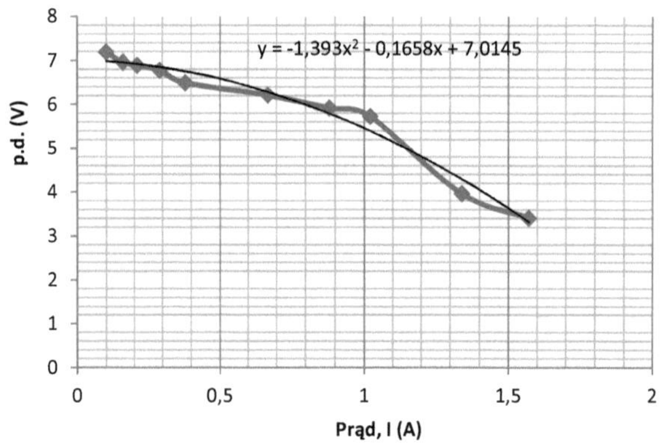

Rys. 4.2: Wykres V versus I dla sadzy z generatora dieslowskiego.

Z rysunku 4.2 (patrz tabela 4.2), równanie wykresu V versus I dla sadzy otrzymanej z generatora, gdy jako paliwo używany był olej napędowy, daje równanie tej postaci;

$V = -1{,}393I2 - 0{,}166I + 7{,}045$ 4,6

4.3.2 Ustalenia dotyczące pojazdu

Wyniki uzyskane w ramach eksperymentu mającego na celu określenie wpływu sadzy z pojazdu na przepływ prądu w obwodzie elektrycznym przedstawiono w tabelach 4.3 i 4.4, gdy jako paliwa stosowane są odpowiednio benzyna i olej napędowy. Odnotowano wartości p.d i prądu przy każdej zmianie masy sadzy w seriach z rezystorem 2Ω i $_{Re}$.

Na paliwo benzynowe:

Tabela 4.3: Zależność między p.d. i I dla sadzy z pojazdów benzynowych

Masa, m (g)	Potencjalna różnica, p.d. (V)	Prąd, I (A)
0.4	3.22	1.73
0.8	4.69	1.54
1.2	5.06	1.22
1.6	5.42	1.03
2.0	5.98	0.82
2.4	6.14	0.51
2.8	6.58	0.37
3.2	6.65	0.31
3.6	6.72	0.25
4.0	7.18	0.19

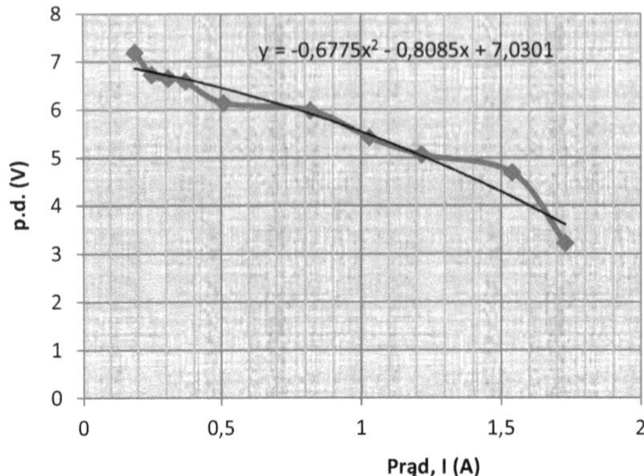

Rysunek 4.3: Wykres V versus I dla sadzy pojazdu benzynowego

Rysunek 4.3 powyżej przedstawia wykres V wykreślony względem I dla sadzy zebranej z rury wydechowej pojazdu z silnikiem diesla. Z wykresu otrzymuje się równanie krzywej;

V = -0,678I2 - 0,809I + 7,030.. ... 4,7

Jak już wspomniano powyżej w tej sekcji, kiedy V jest ustawione na zero, to zostaną określone wartości I, a następnie odpowiadające im wartości V. Możemy przypomnieć, że skoro mamy do czynienia z oporem, to albo wybieramy albo wartości wyobrażeniowe p.d i prądu, albo wartości rzeczywiste zarówno p.d i prądu. Dzieje się tak dlatego, że oporność jest stosunkiem p.d do prądu i nie może być urojona (ujemna).

Na paliwo Diesel:

Tabela 4.4: Zależność między p.d. i I dla sadzy z pojazdów z silnikiem diesla

Msza, m.g)	**Potencjalna różnica, p.d. (V)**	**Prąd, I (A)**
0.4	3.62	1.42
0.8	5.14	1.23
1.2	5.62	0.89
1.6	6.11	0.67
2.0	6.43	0.43
2.4	6.82	0.22
2.8	7.12	0.17
3.2	7.26	0.13
3.6	7.42	0.11
4.0	7.61	0.06

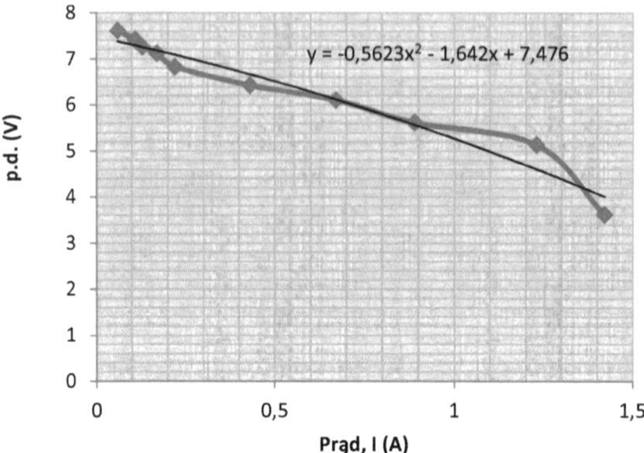

Rysunek 4.4: Wykres V versus I dla sadzy z pojazdów z silnikiem diesla

Rysunek 4.4 jest odpowiednim przedstawieniem tabeli 4.4. Na rys. 4.4 powyżej, równanie wykresu, gdy wykres V jest wykreślony względem I sadzy z pojazdu z silnikiem wysokoprężnym, staje się równaniem;

V = -0,562I2 - 1,642I + 7,476... 4,8

4.4 Wnioski z eksperymentu dotyczącego przewodności elektrycznej sadzy

Wyniki przedstawione w tabelach 4.1-4.4 wskazują, że wzrost p.d. spowodował spadek przepływu prądu w obwodzie, gdy zmiany masy sadzy w 5ml rozcieńczonego H2SO4 były stale zwiększane dla każdej próbki układów (generatora i pojazdu) oraz paliwa (benzyna i olej napędowy).

Istotny efekt zaobserwowano na wykresach różnicy potencjałów (V) w stosunku do prądu (I) na rysunkach od 4.1 do 4.4. Występuje powstawanie ujemnych wykresów, co oznacza, że prąd zmniejszał się wraz ze wzrostem p.d. w całej mieszaninie sadzy i rozcieńczonego

H2SO4. Ponadto wykresy te nie są liniami prostymi, lecz krzywymi nieliniowymi. Nieliniowość może wynikać z obecności niektórych substancji w sadzy, jak również węgla pierwiastkowego.

Z matematycznego wyrażenia prawa Ohma:

$$V = IR$$

$$R = V/I \text{ .... } 4.9$$

Jeśli R (oporność) jest stała I zmienia się bezpośrednio jak V. To znaczy, że wzrost V powoduje równoważny wzrost I, ale kiedy R zmienia się, I zmienia się odwrotnie jak V. Stąd, wzrost V spowodował spadek I jak R rośnie i odwrotnie.

Biorąc pod uwagę parametry związane z tą pracą, ogólne równanie wyprowadzone z wykresów daje wielomianowe równanie rzędu drugiego, które ma postać:

$$V = aI2 + bI + c \text{ (nieliniowy) ,.................................... } 4,10$$

Gdzie "a" i "b" są współczynnikami odpowiednio I2 i I, a "c" jest stałą, która jest również przechwytywaniem wykresu.

Tabele 4.1 do 4.4 pokazują, że wzrost ilości sadzy w rozcieńczonym H2SO4 stanowił dużą przeciwwagę dla przepływu prądu w obwodzie. Przy każdym dodaniu sadzy do rozcieńczonego H2SO4, przepływ prądu spadał i zwiększała się różnica potencjałów w obwodzie. Wyniki te pokazały, że wraz ze zwiększaniem się ilości sadzy w rozcieńczonym H2SO4 zwiększała się praca przy przenoszeniu jednego ładunku w obwodzie z jednego punktu do drugiego. Ten efekt jest przyczyną wzrostu różnicy potencjałów.

4.5 Logarytmiczna zależność między potencjalną różnicą a prądem węgla technicznego

W tym aspekcie tego tekstu log naturalny ma być wykorzystany do uzyskania prostoliniowego wykresu V w stosunku do I w celu określenia oporności sadzy dla benzyny i oleju napędowego w generatorze i pojeździe. Krok w kierunku realizacji tego zadania na podstawie już istniejących wartości p.d. i prądu można by wyrazić jako:

Zakładając, że p.d. zmienia się bezpośrednio na prąd z indeksem n;

$V \alpha^{W}$

$V = k^{W\,4}$...12

gdzie k jest stałą proporcjonalności.

Biorąc logarytm naturalny, logarytm, obu stron równania (np. 4.12), wyrażenie przekształca się na:

logeV = loge (kIn).. . 4.13

Zastosowanie logarytmicznego prawa mnożenia daje np. 4.14

logeV = logek + logeIn 4..14

logeV = nlogeI + logek 4..15

Gdzie n = nachylenie wykresu i logek jest stałe (przechwytywanie wykresu), podczas gdy V i I nadal pozostają ich zwyczajowymi konotacjami.

Następnie wykres LogeV został wykreślony względem LogeI jak na rysunkach 4.5-4.8 dla wszystkich przypadków. Tabele 4.5-4.8 przedstawiają nieregularne rozkłady wartości doświadczalnych. Ponieważ wartości doświadczalne nie są odpowiednie do uzyskania idealnego wykresu liniowego, do uzyskania idealnej linii użyto metody najmniejszych kwadratów do dopasowania krzywych. Linie idealne na rysunku 4.5-4.8 uzyskano przy użyciu metody najmniejszych kwadratów opracowanej na platformie elektronicznej (środowisko oprogramowania).

4.5.1 Węgiel techniczny generatora

Porozmawiamy o logarytmicznej zależności między potencjalną różnicą a prądem dla próbki sadzy w przypadku zastosowania benzyny i oleju napędowego jako paliwa.

Na paliwo benzynowe:

Tabela 4.5: Tabela wartości p.d i I w logu naturalnym dla sadzy z generatora benzyny.

Masa , m (g)	Potencjalna różnica, p.d. (V)	Prąd, I (A)	LogeV (V)	LogeI (A)
	3.12	1.82	1.138	0.599
0.8	4.46	1.61	1.495	0.476
1.2	4.88	1.42	1.585	0.351
1.6	5.24	1.21	1.656	0.191
2.0	5.76	0.93	1.751	-0.073
2.4	6.01	0.62	1.793	-0.478

2.8	6.38	0.51	1.853	-0.673
3.2	6.46	0.43	1.866	-0.844
3.6	6.59	0.36	1.886	-1.022
4.0	7.13	0.28	1.964	-1.273

Informacje zawarte w tabeli 4.5 zawierają dane przedstawione na rysunku 4.1 wraz z dodatkowymi danymi logarytmu naturalnego różnicy potencjałów (p.d.) i prądu.

Tym bardziej, że kolejne tabele od 4.6 do 4.8 odpowiadają tabelom od 4.2 do 4.4, zawierającym tylko różnicę dodawania logarytmu naturalnego różnicy potencjałów i prądu.

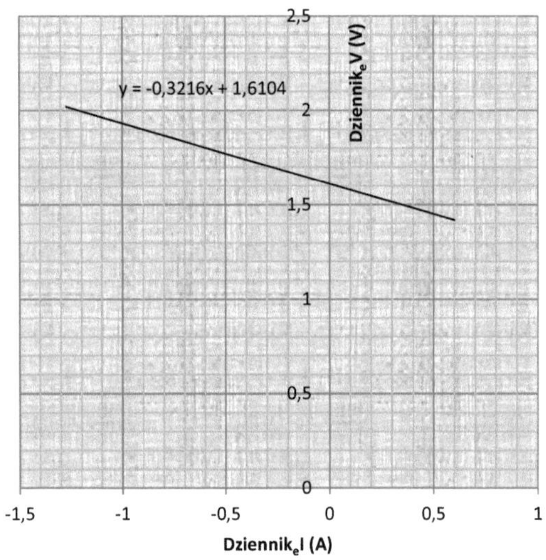

Rysunek 4.5: Wykres LogeV w stosunku do LogeI dla sadzy z generatorów benzynowych

Rysunek 4.5 jest równoważnym przedstawieniem (wykresem) z tabeli 4.5. Wykres jest odpowiednio wyskalowany z uwzględnieniem przestrzeni roboczej, tak aby odczyt gradientu i innych ważnych wielkości był wyraźny i widoczny dla wszystkich oglądających wykres. Wykres jest wykonany w taki sposób, ponieważ jest to wykres liniowy (linia prosta), który bardzo łatwo jest nawet uczniom nauki wydedukować nachylenie z wykresu. Jednak równanie to jest również liniowe, ponieważ jest to graf liniowy. Wykres ten przedstawia informacje z rysunku 4.1 na tle linii prostej. Kolejne rysunki poniżej z 4.6-4.8 również są równoważnymi wykresami z rysunków 4.2-4.4 w linii prostej.

Na paliwo Diesel:

Tabela 4.6: Tabela LogeV i LogeI dla sadzy z silników wysokoprężnych.

Masa, m (g)	**Potencjalna różnica, p.d. (V)**	**Prąd, I (A)**	**LogeV (V)**	**LogeI (A)**
	3.41	1.57		0.451
0.8	4.96	1.34	1.601	0.293
1.2	5.37	1.02	1.681	0.020
1.6	5.92	0.88	1.778	-0.128
2.0	6.21	0.67	1.826	-0.401
2.4	6.49	0.38	1.870	-0.970
2.8	6.77	0.29	1.913	-1.239
3.2	6.96	0.21	1.940	-1.561
3.6	6.89	0.16	1.930	-1.833
4.0	7.19	0.10	1.973	-2.303

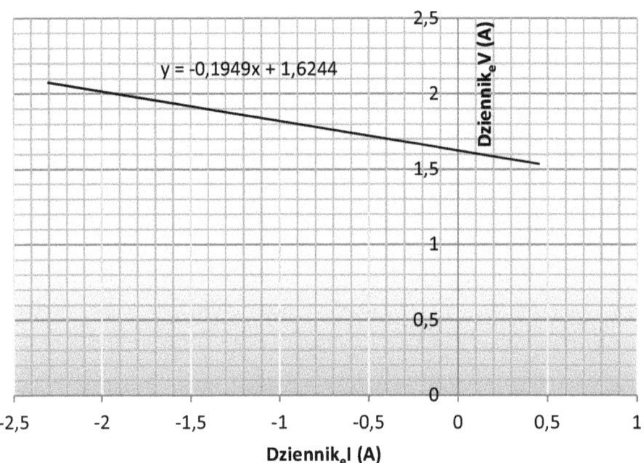

Rysunek 4.6: Wykres LogeV w stosunku do LogeI dla sadzy w silnikach wysokoprężnych

Rysunki 4.5 i 4.6 przedstawiają związek ustalony między potencjalnymi różnicami a prądem elektrycznym we wspólnym stosunku prawnym om. Wynika to z ilości sadzy emitowanej przez silniki Diesla.

4.5.2 Węgiel techniczny pojazdu

Na paliwo benzynowe:

Tabela 4.7: Tabela LogeV i LogeI dla sadzy z pojazdów benzynowych

Masa, m (g)	Potencjalna różnica, p.d. (V)	Prąd, I (A)	LogeV (V)	LogeI (A)
0.4	3.22	1.73	1.169	0.548
0.8	4.69	1.54	1.545	0.432
1.2	5.06	1.22	1.621	0.199
1.6	5.42	1.03	1.690	0.030
2.0	5.98	0.82	1.788	-0.199
2.4	6.14	0.51	1.815	-0.673
2.8	6.58	0.37	1.884	-0.994
3.2	6.65	0.31	1.895	-1.171
3.6	6.72	0.25	1.905	-1.386
4.0	7.18	0.19	1.971	-1.661

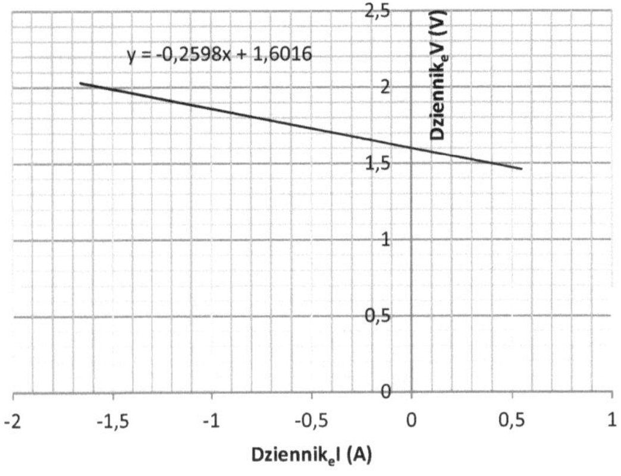

Rys. 4.7: Wykres wartości LogeV w stosunku do LogeI dla sadzy z pojazdów benzynowych

Na olej napędowy:

Tabela 4.8: Tabela LogeV i LogeI dla sadzy otrzymanej z pojazdu z silnikiem diesla

Masa, m (g)	**Potencjalna różnica, p.d. (V)**	**Prąd, I (A)**	**LogeV (V)**	**LogeI (A)**
0.4	3.62	1.42		0.351
0.8	5.14	1.23	1.637	0.207
1.2	5.62	0.89	1.726	-0.117
1.6	6.11	0.67	1.810	-0.401
2.0	6.43	0.43	1.861	-0.844
2.4	6.82	0.22	1.920	-1.514
2.8	7.12	0.17	1.963	-1.772
3.2	7.26	0.13	1.982	-2.040
3.6	7.42	0.11	2.004	-2.207
4.0	7.61	0.06	2.030	-2.813

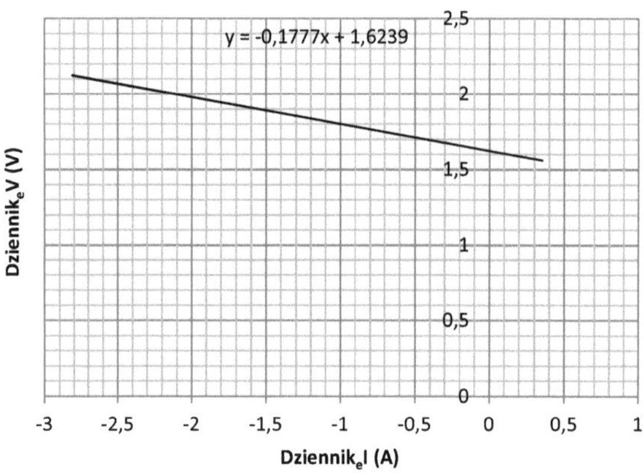

Rys. 4.8: Wykres LogeV względem LogeI dla sadzy z pojazdów z silnikiem diesla.

4.6 Interpretacje wykresu logarytmicznego różnicy potencjałów w stosunku do prądu

Wykres logu naturalnego (kłody) o potencjalnej różnicy w stosunku do prądu został wykreślony w celu uzyskania wykresu linii prostej, który został osiągnięty na wykresie, choć wykres jest ujemny. Równania wykresów na rysunkach 4.5-4.8 są liniową formą równań 4.1-4.4, co ułatwiło wydedukowanie nachylenia każdego z wykresów.

Widzimy, że wykresy wytworzyły równania o postaci, y = mx + c, ogólne równanie wykresu linii prostej. Patrząc na parametry wykorzystywane do wykreślania wykresów, równanie staje się w tym przypadku logeV = nlogeI + logek. Z równań można łatwo uzyskać nachylenie, porównując je z ogólnym równaniem linii prostej (liniowym).

Porównanie daje następującą równoważność, y ≡ loge; mx ≡ □log□I; m ≡ n (zbocze);

x ≡ log□I; or□□□≡ log□k (□t□ły).

Ponieważ działki z rysunku 4.5-4.8 to działki z logeV względem logeI, nachylenie będzie, n, zgodnie z równaniem 4.15.

I tak na rysunku 4.5, wykres logeV w stosunku do logeI dla sadzy (dla generatora benzynowego) przyjęto rezystancję nieznaną, X, na poziomie 0,321Ω; na rysunku 4.6, wykres logeV w stosunku do logeI dla sadzy (dla generatora diesla) ma rezystancję X jako 0.194Ω; na rysunku 4.7. wykres wartości logeV względem logeI dla sadzy (dla pojazdu z silnikiem benzynowym) przyjęto oporność X jako 0,259Ω, a na rysunku 4.8. wykres wartości logeV względem logeI dla sadzy (dla pojazdu z silnikiem diesla) przyjęto oporność X jako 0,177Ω.

Wyniki pokazują, że w miarę jak potencjalna różnica wzrastała wraz ze spadkiem natężenia prądu, zwiększała się. Ten efekt pokazuje, że dodanie sadzy zwiększyło opozycję pomiędzy końcami drutu przewodzącego (najodpowiedniejszego dla obwodu), oporując w ten sposób przepływ prądu w całym obwodzie. Z drugiej strony, zostanie uzgodnione, że każda ilość sadzy dodana do rozcieńczonego H2SO4 zwiększyła pracę materiału przewodzącego w celu przeniesienia jednostkowego ładunku z jednego punktu do drugiego wzdłuż przewodnika.

Wyniki badań pokazują również, że węgiel działał jak półprzewodnik, ponieważ nie mógł przewodzić prądu elektrycznego, gdy był podłączony do obwodu, dopóki nie został dodany do roztworu rozcieńczonego H2SO4 i ponownie podłączony do obwodu. Jego obecność w rozcieńczonym roztworze H2SO4 miała wpływ na przepływ prądu w porównaniu z sytuacją, gdy do obwodu podłączono tylko rozcieńczony H2SO4. Oznacza to, że czerń węglowa oprze się przepływowi prądu w obwodzie, zwiększając różnicę potencjałów w miarę wzrostu ilości sadzy w roztworze. Z tym wynikiem można doskonale stwierdzić, że w rzeczywistości węgiel jest półprzewodnikiem, ponieważ nie mógł przewodzić prądu elektrycznego w swoim stanie wewnętrznym (czystym), chyba że dodano do niego takie zanieczyszczenia jak rozcieńczony roztwór H2SO4. Stwierdza się jednak, że sadza może służyć jako materiał oporny, jeśli jest odpowiednio wykorzystana ze względu na obecny w niej niespalony węgiel.

W badaniach i zastosowaniach w elektronice omawiany i stosowany jest tylko krzem i german, bez względu na węgiel, który jest również półprzewodnikiem w sensie teoretycznym. W oparciu o wyniki tych badań zaleca się zatem wdrożenie skutecznego zastosowania węgla w elektronice. Ponadto, sadza z benzyny i generalnie ropy naftowej powinna być wykorzystana do zastosowań w elektryce i elektronice, ponieważ wpływa ona na przepływ prądu jak inne materiały oporowe. W związku z tym należy zachęcać do dalszych badań w tym obszarze zastosowań w celu znalezienia odpowiednich, bardziej elektrycznych i elektronicznych właściwości sadzy.

ROZDZIAŁ PIĄTY

ABSORPCJA PROMIENIOWANIA SADZY

5.1 Teoretyczne twierdzenia podmiotu

Segment aerozolu węglowego, potocznie nazywany sadzą (CB), jest opisany przez jego imponujące pochłanianie światła widzialnego i jego odporność na przepuszczanie substancji chemicznych. Sadzę (CB) można zdefiniować idealnie jako substancję pochłaniającą światło, zawierającą węgiel. Proces powstawania nie jest objęty tą definicją ze względu na różnorodność potencjalnych procesów wraz z faktem, że powstaje on głównie w wyniku niepełnego spalania substancji węglowej. Sadza jest formalną formą stałego węgla produkowaną w bardzo wysoko kontrolowanych procesach jako agregaty cząstek węgla, które różnią się wielkością cząstek, wielkością kruszywa, kształtem, porowatością i chemią powierzchni. Sadza zazwyczaj zawiera ponad

95% czystego węgla przy minimalnych ilościach tlenu, wodoru i azotu. Utylizacja aerozoli sadzy w atmosferze ziemskiej ma również wpływ na zdrowie człowieka, zwiększając ryzyko uszkodzenia płuc w związku z ich podatnością na nowotwory. Nadmierne wdychanie sadzy w aerozolu jest kolejnym czynnikiem przyczyniającym się do problemów zdrowotnych i innych problemów środowiskowych.

Badanie promieniowania w tej sekcji ogranicza się do procesu emisji i przenoszenia energii promieniowania w postaci światła widzialnego. Promieniowaniem są również cząstki promieniowania emitowane przez światło słoneczne, które przemieszcza się po Ziemi przez wolną przestrzeń w postaci światła widzialnego. Ze względu na ten wpływ na Ziemię temperatura powierzchni ziemi wzrasta w wyniku pochłaniania energii promieniowania. Istnieją podstawowe informacje na temat zdolności absorpcyjnej ciemnej substancji. Absorpcję można zilustrować za pomocą prostych i codziennych zdarzeń, jak w przypadku dwóch obiektów, A i B, pokrytych różnymi kolorami koca (czarnym i srebrnym) i wystawionych na działanie światła słonecznego. Zakładając, że obiekt A jest pokryty czarnym kocem, a obiekt B pokryty srebrnym kocem, teoretycznie mówi się nam, że obiekt pokryty czarnym kocem pochłonąłby więcej energii promieniowania słonecznego, aby stać się cieplejszym, podczas gdy obiekt B może zachować swoją temperaturę początkową lub nieznacznie się zmienić. Stan w obiekcie B można dodatkowo wytłumaczyć powtarzając, że srebrna tkanina wypromieniowałaby energię do tyłu ze względu na swój błyszczący kolor.

W sekcji 2.6. obliczenie ilości węgla uwalnianego podczas spalania paliwa wykazało, że oprócz produkcji CO_2, zanieczyszczony węgiel odkłada się jako sadza. Sadza zawiera pewne ilości niespalonego atomu węgla o czarnym zabarwieniu. Ponieważ uważa się, że czerń pochłania energię promieniowania, w tej części zostanie przeprowadzony eksperyment w celu potwierdzenia faktu teoretycznego.

5.2 Eksperymentalne badanie absorpcji promieniowania sadzy

Sadza użyta w tym eksperymencie została pozyskana jak w kroku 2 sekcji 4.2.2 w rozdziale czwartym powyżej. Ale w szczególności pochodzi ona z rury wydechowej silników samochodowych (benzynowych i wysokoprężnych), czyli dwóch autobusów L300.

Łopatką zebrano pewne ilości sadzy (CB) z rury wydechowej (spalinowej) pojazdów z silnikami benzynowymi i wysokoprężnymi, dwóch autobusów L300, do dwóch tygli oznaczonych próbą C i D. Po zebraniu próbek CB, na trzech drewnianych taboretach (stojakach) o wysokości 100 cm każdy umieszczono trzy folie aluminiowe o wymiarach 100 cm. Następnie jedną z folii aluminiowych pozostawiono nie pokrytą żadną substancją (tj. pustą folią), powierzchnię drugiej folii aluminiowej pokryto jednym gramem (1g) CB emitowanego z silnika benzynowego, a drugą powierzchnią folii aluminiowej pokryto sadzą z silnika diesla. Trzy taborety zostały wystawione na działanie promieni słonecznych i pozostawione na kilka godzin. Zmiany temperatury próbek obserwowano i rejestrowano co dwadzieścia minut (1200 sekund) za pomocą termometru.

Stoper służył do pomiaru czasu zmian temperatury co dwadzieścia minut. Średnia temperatura otoczenia w okresie trwania eksperymentu została zarejestrowana jako 25,^{50C}.

5.3 Wyniki eksperymentalne

5.3.1 dla folii aluminiowej nie pokrytej sadzą

Tabela 5.1: Tabela przedstawiająca czas i temperaturę (θ1) folii aluminiowej bez sadzy.

Czas, t (s)	**Temperatura, θ1** (^{0C})
1200	25.58

2400	26.04
3600	26.12
4800	26.18
6000	26.24
7200	26.60
8400	26.83
9600	27.15
10800	27.33
12000	27.38

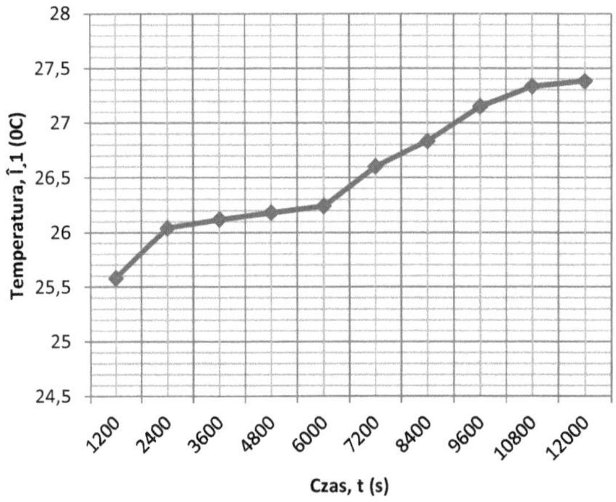

Rysunek 5.1: Stopień absorpcji promieniowania dla folii aluminiowej bez sadzy.

5.3.2 dla folii aluminiowej pokrytej sadzą z silników benzynowych

Wyniki tego eksperymentu przedstawiono w tabelach 5.2 i 5.3 wraz z odpowiadającymi im wykresami na rysunkach 5.2 i 5.3. Ocena porównawcza wyników uzyskanych w tym eksperymencie jest również przedstawiona w tabeli 5.4 jako dane, a rysunek 5.4 jako wykres. Porównanie umożliwiło łatwe wykrycie różnic w absorpcji promieniowania w rozpatrywanych przypadkach.

Tabela 5.2: Tabela czasu i temperatury (θ2) sadzy gazowej pokrytej folią aluminiową.

Czas, t (s)	**Temperatura, θ2** (^{0C})
1200	26.14
2400	26.40
3600	26.87
4800	27.31
6000	27.60
7200	27.86
8400	28.18
9600	28.35
10800	28.67
12000	29.03

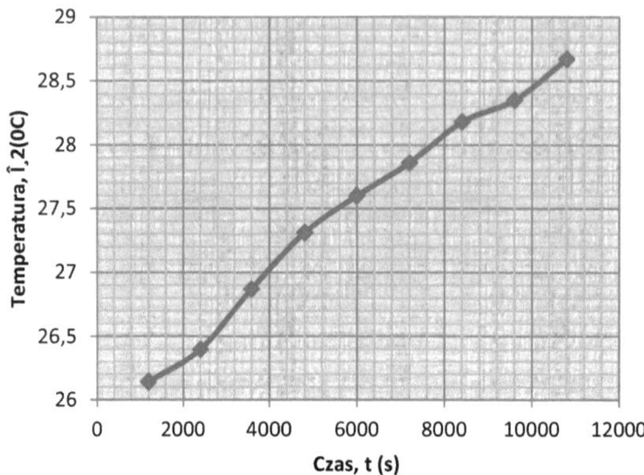

Rys. 5.2: Stopień absorpcji folii aluminiowej pokrytej sadzą benzynową.

5.3.3 dla folii aluminiowej pokrytej sadzą z silników Diesla

Tabela 5.3: Tabela przedstawiająca wartości czasu i temperatury (θ3) folii aluminiowej pokrytej sadzą napędową.

Czas, t (s)	Temperatura, θ3 (^{0C})
1200	26.19
2400	26.49
3600	26.94
4800	27.38
6000	27.69
7200	27.93
8400	28.26
9600	28.43
10800	28.71
12000	29.10

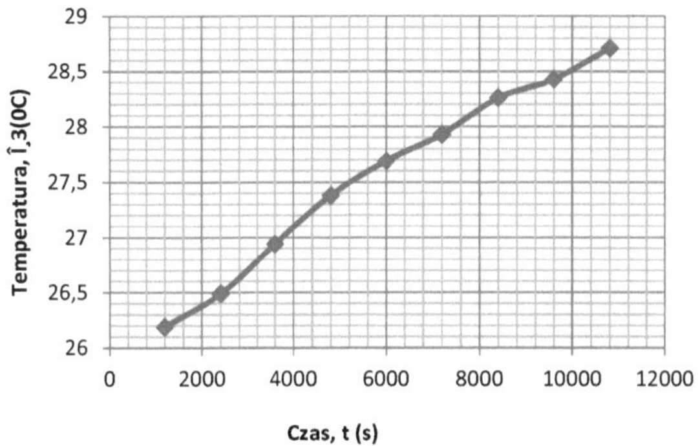

Rysunek 5.3: Stopień absorpcji aluminium pokrytego sadzą z oleju napędowego.

5.4 Ocena wyników

Pojedyncze wyniki eksperymentalne przedstawione na rysunkach zostaną ocenione porównywalnie w tej sekcji. Porównanie posłuży jako wyraźny dowód wyników, ponieważ różnica między θ2 i θ3 jest bardzo niewielka. Jeśli więc nie zostanie prawidłowo rozróżniona graficznie, może nie wzbudzić zainteresowania czytelników i uczonych.

W trakcie procesu różnicowania wartości temperatur porównywane są w jednej tabeli w takich samych odstępach czasu, jak pokazano w poniższej tabeli. Następnie rysunek 5.4 przedstawia graficzne porównanie temperatur wyraźnie odsłaniające zmiany wszystkich temperatur uzyskanych i uwzględnionych w doświadczeniu.

Tabela 5.4: Porównawcza ocena wyników

Czas,	Temperatura		
t (s)	θ1(°C)	θ2(°C)	θ3(°C)
1200	25.80	26.14	26.19

2400	26.04	26.40	26.49
3600	26.12	26.87	26.94
4800	26.18	27.31	27.38
6000	26.24	27.60	27.69
7200	26.60	27.86	27.93
9600	27.15	28.35	28.43
10800	27.33	28.67	28.71
12000	27.38	29.03	29.10

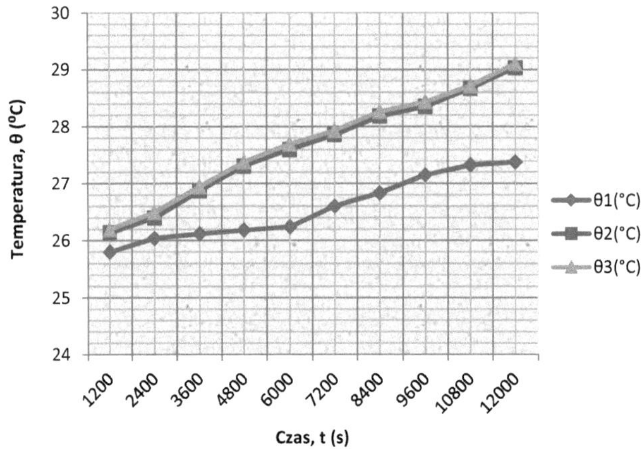

Rys. 5.4: Porównanie stopnia absorpcji sadzy we wszystkich trzech foliach aluminiowych

5.5 Eksperymentalna analiza wyników

Zaobserwowano, że folia aluminiowa bez sadzy pochłaniała niewielkie promieniowanie w porównaniu do tej, którą dodawano do niej sadzę. Dwie folie pokryte sadzą pochłaniały większą ilość promieniowania (światło widzialne) niż pusta folia przedstawiona w tabelach 5.1-5.3, co wyraźnie pokazuje, że zmiany temperatury wyników są zależne od czasu.

Rysunki 5.1-5.3 to graficzne przedstawienie sposobu, w jaki folie bez sadzy, folie pokryte sadzą benzynową i sadzą z oleju napędowego pochłaniane są przez promieniowanie. Rezultaty mogą wynikać z zawartości niespalonego węgla technicznego w sadzy i częstotliwości światła. Oznacza to, że ilość niespalonego węgla zawartego w sadzy zwiększa zdolność absorpcji niespalonego węgla resztkowego. Jest oczywiste, że ciemna substancja (materiał) pochłania promieniowanie szybciej niż materiały nieciemniejsze. Ciemne zabarwienie sadzy zwiększa szybkość absorpcji promieniowania. Intensywność światła słonecznego to kolejna właściwość, która mogła mieć wpływ na wyniki eksperymentu. Jeśli natężenie światła słonecznego jest niskie lub wysokie, materiały pod słońcem uzyskałyby prawie taką ilość energii, która odpowiednio obniżyłaby lub zwiększyła temperaturę.

W wyniku tego folia aluminiowa pokryta sadzą pochłaniała większą ilość energii słonecznej niż folia odkryta sadzą.

Na rysunku 5.4 porównano wyniki pochłaniania promieniowania przez folię aluminiową bez sadzy, folię aluminiową, której powierzchnia jest pokryta sadzą z benzyny oraz folię aluminiową, której powierzchnia jest pokryta sadzą z oleju napędowego. Temperatura pustej folii, folii pokrytej sadzą z benzyny i folii pokrytej sadzą z oleju napędowego są symbolizowane odpowiednio jako $\theta 1$, $\theta 2$ i $\theta 3$. Porównanie wyraźnie pokazuje, że folia aluminiowa bez sadzy zakładałaby normalną (środowiskową) zmianę temperatury otoczenia lub miałaby niewielką różnicę. Wynik pokazuje ponadto, że folie aluminiowe pokryte sadzą pochodzącą z paliw wykazały znaczny wzrost temperatury tych folii. Zauważono również, że pod koniec doświadczenia różnica temperatur pomiędzy folią pokrytą sadzą z benzyny a sadzą z oleju napędowego była bardzo mała, choć nie jest to istotna część doświadczenia. Celem tego eksperymentu jest ocena stopnia absorpcji paliw (benzyny i oleju napędowego).

Wyniki badań wykazały, że sadza może pochłaniać promieniowanie. Jednak każde środowisko pokryte sadzą ma tendencję do pochłaniania promieniowania, a tym samym do podwyższania temperatury otoczenia. W związku z tym sadza powinna być całkowicie zaangażowana w prace wymagające pochłaniania światła ze względu na jego absorpcję. Również sadza powinna być prawidłowo utylizowana. Węgiel techniczny powinien być utylizowany w miejscach, gdzie wymagana jest wysoka temperatura, a nigdy w miejscach, gdzie wysoka temperatura nie jest wymagana. Węgiel techniczny powinien być poddany większej ilości badań rolniczych, aby mógł być wykorzystywany w rolnictwie. Wynika to z faktu, że główną zawartością jest węgiel, który pomaga we wzroście roślin; sprzyja strukturze, zdrowiu biologicznemu i fizycznemu gleby oraz stanowi bufor dla szkodliwych substancji.

REFERENCJE

Bradley, R. S.; Jones, P. D. (1993). "Little Ice Age" Summer Temperature Variations: Ich charakter i znaczenie dla ostatnich globalnych trendów ocieplenia. *Holocene* 3: 367-376.

Brata, A. G. (2010). Regional development for a disastrous Country. Biblioteka uniwersytecka, Monachium, Niemcy.

Farrar, C.; Neil, J.; Howle, J. (1999). Magmatyczna emisja dwutlenku węgla w Mammoth Mountain, Kalifornia. USGS Water Resources Investigation Report 98-4217.

Goldberg, E. D. (1985). Czarny węgiel w środowisku. Nowy Jork. P-198.

lEA (2012). Emisja CO_2 przy spalaniu paliw - najważniejsze informacje. OECD/Międzynarodowa Agencja Energii.

Międzyrządowy Zespół ds. Zmian Klimatu (IPCC) (2000). Przegląd IPCC w Międzyrządowym Zespole ds. Zmian Klimatu. Sprawozdanie techniczne.

Międzynarodowa Organizacja Normalizacyjna (2009). Zarządzanie środowiskowe. Rodzina Międzynarodowych Standardów ISO 14000.

Międzynarodowa Organizacja Normalizacyjna (2006c). Greenhouse gases - Part 2: Specification with Guidance at the Product Level for Quantification, Monitoring and Reporting of Greenhouse Gas Emissions and Removals Enhancements. Raport techniczny. Międzynarodowa Organizacja Normalizacyjna.

Międzynarodowa Organizacja Normalizacyjna (2006d). Greenhouse Gases - Part 3: Specification With Guidance for the Validation and Verification of Greenhouse Gas Assertions (2006d). Raport techniczny, Międzynarodowa Organizacja Normalizacyjna.

IPCC (2000). Raport specjalny na podstawie badań naukowych nad emisjami. Wkład grupy roboczej I do piątego sprawozdania z oceny międzyrządowego zespołu ds. zmian klimatu. Prasa uniwersytecka Cambridge, Cambridge, Wielka Brytania&Nowy Jork, USA. 1535pp.

IPCC (2006a). IPCC Guidelines for National Greenhouse Gas Inventories, Chapter 11: N20 Emissions from Managed Soils, and CO_2 Emissions from Lime and Urea Application.

IPCC (2006b). Wytyczne IPCC dotyczące krajowych wykazów gazów cieplarnianych. Rozdział 10: Emisje związane z gospodarowaniem inwentarzem żywym i obornikiem.

IPCC (2007). Czwarte sprawozdanie z oceny, Zmiany klimatyczne. Prasa Uniwersytetu w Cambridge. Cambridge, Wielka Brytania.

IPCC (2007). Mitigation and Contribution of Working Group Ill to the Fourth Assessment Report of the Intergovernmental Panel on Climate. Cambridge University Press. Nowy Jork.

Międzynarodowa norma ISO 14040 (2006). Zarządzanie środowiskowe - Ocena cyklu życia, zasady i ramy: Międzynarodowa Organizacja Normalizacyjna (ISO). Genewa, Szwajcaria.

Międzynarodowa norma ISO 14044 (2006). Zarządzanie środowiskowe - Ocena cyklu życia, wymagania i wytyczne: Międzynarodowa Organizacja Normalizacyjna (ISO). Genewa, Szwajcaria.

Międzynarodowa norma ISO 14064-1 (2006). Gazy cieplarniane - Część 1: Specyfikacja z wytycznymi na poziomie organizacji dotyczącymi kwantyfikacji i sprawozdawczości w zakresie emisji i usuwania gazów cieplarnianych: Międzynarodowa Organizacja Normalizacyjna (ISO).Genewa, Szwajcaria.

Keeling, R. F.; Manning, A. C.; McEvoy, E. M.; Shertz, S. R. (1998). Methods for Measuring Changes in Atmospheric CO_2 Concentration and their Application in Southern Hemisphere Air. *J. Geophys Res* 103:3381-3397.

Keigwin, L. D. (1996). The Little Ice Age and Medieval Warm Period. *The Sargasso Sea Science* 274:1504-1508.

Kuo, C.; Lindberg, C. R.; Thomson, D. J. (1990). Coherence established between atmospheric carbon dioxide and global temperature. *Natura* 343: 709-714.

Lamb, H. H. (1982). *Climate, History, and the Modern World. Methuen*, Nowy Jork.

Lundie, S.; Schulz, M.; Peters, G.; Nebel, B.; Ledgard, S. (2009). Carbon Footprint Measurement (Pomiar śladu węglowego). Sprawozdanie metodologiczne.

Marland, G.; Andres, R. J.; Boden, T. A.; Johnston, C. A.; Brenkert, A. L. (1999). Globalne regionalne i krajowe szacunki emisji CO_2 ze spalania paliw kopalnych, produkcji cementu i spalania gazu, 1751-1996. Trendy w Internecie: Kompendium danych na temat globalnych zmian.

Karta charakterystyki substancji niebezpiecznych (MSDS) dla dwutlenku węgla (2003). Przez BOC Gazy.

Matthews, H. S.; Hendrickson, C. T; Weber, C. L. (2008). The importance of carbon footprint estimation boundaries. *Environmental Science & Technology 42[*16]: 5 839-42.

Melanta, S. (2010). A tool for quantifying the carbon footprint of construction projects in the transport sector. Praca magisterska - University of Maryland.

Krajowy instytut bezpieczeństwa i higieny pracy (N1OSH) (1976). Kryteria dotyczące zalecanej normy. Zawodowe narażenie na działanie dwutlenku węgla.

Nelson, L. (2000). Zatrucie dwutlenkiem węgla. Nagły wypadek. Podsumowanie fizjologicznego i toksykologicznego wpływu CO_2 na człowieka. *Medycyna* 32(5):36-38.

Jednostka ds. zrównoważonego rozwoju NHS (2009). Saving Carbon, Improving Health. Raport techniczny, Jednostka ds. Zrównoważonego Rozwoju NHS (2009).

Jednostka ds. Zrównoważonego Rozwoju NHS (2012). NHS England Carbon Footprint. Opublikowany raport techniczny, Jednostka ds. Zrównoważonego Rozwoju NHS.

Ogren, J. A.; Charlson, R. J. (1983). Węgiel pierwiastkowy w atmosferze: Cykl i życie. *Tellus*, tom 35B, wydanie 4.

Priestly, M. A. (2003). Medycyna: Kwasica oddechowa.

U.S. Environment Agency (USEPA), Scottish Environment Protection Agency (SEPA) i Northern Ireland Environment Agency (NIEA) (2013). An Overview of Simplification of the CRC Energy Efficiency Scheme.Sprawozdanie techniczne 2012.

U.S. Environment Protection Agency (USEPA), Scottish Environment Protection Agency (SEPA) i Northern Ireland Environment Agency (NIEA) (2012). CRC Energy Efficiency Scheme Guidance for Participants in Phase 1 (2010/11).Sprawozdanie techniczne 2012.

Wackernagel, M. i Rees, V. E. (1996). Nasz ślad ekologiczny zmniejszający wpływ człowieka na ziemię. Nowe wydawnictwa społeczne, Michigan.

Wiedmann, T.; Barrett.J. (2011). A Greenhouse gas footprint analysis of UK central government, London, 1990-2008. Department for environment, food and Rural Affairs (Ministerstwo Środowiska, Żywności i Spraw Wsi).

Wiedmann, T.; Minx.J. (2008). *Ecological Economics Research Trends:* "A definition of Carbon Footprint". Nowy Jork: Nova Science Publisher.

Wright, J. S; Kemp, P. S; Williams, J. G. (2011). Carbon footprinting: W kierunku powszechnie przyjętej definicji w zarządzaniu emisjami dwutlenku węgla. Carbon trust, Londyn.

Yohe, W. Gray; Michael E. Schlesinger (2002). "Geografia ekonomiczna skutków zmian klimatycznych". *Journal of Economic Geography* 2[3]: 311-41.

Printed by Books on Demand GmbH, Norderstedt / Germany